Claudia Liliana Felles Isidro

Determinação do Nível de Ruído e seu Impacto na Saúde

Claudia Liliana Felles Isidro

Determinação do Nível de Ruído e seu Impacto na Saúde

Níveis de Ruído na Cidade de Huari

ScienciaScripts

Imprint

Any brand names and product names mentioned in this book are subject to trademark, brand or patent protection and are trademarks or registered trademarks of their respective holders. The use of brand names, product names, common names, trade names, product descriptions etc. even without a particular marking in this work is in no way to be construed to mean that such names may be regarded as unrestricted in respect of trademark and brand protection legislation and could thus be used by anyone.

Cover image: www.ingimage.com

This book is a translation from the original published under ISBN 978-620-2-23663-8.

Publisher:
Sciencia Scripts
is a trademark of
Dodo Books Indian Ocean Ltd. and OmniScriptum S.R.L Publishing group
Str. Armeneasca 28/1, office 1, Chisinau-2012, Republic of Moldova, Europe
Printed at: see last page
ISBN: 978-620-5-29355-3

DEDICAÇÃO

Dedico-me especialmente a Deus, por me ter dado vida, força e fortaleza para continuar apesar dos tropeços no caminho e por me ter permitido alcançar este momento importante na minha formação profissional.

Gostaria também de agradecer aos meus pais por serem o pilar mais importante no decurso da minha formação profissional e por me mostrarem sempre o seu amor incondicional e apoio, independentemente das dificuldades da vida quotidiana.

Aos meus três irmãos por me terem dado o seu apoio moral, que foi tão importante e incondicional na realização dos meus objectivos.

..

Agüero Blas Paul Benjamín

OBRIGADO

Agradeço a Deus por abençoar a minha vida, por me guiar ao longo da minha existência, por ser o meu apoio e força naqueles momentos de dificuldade e fraqueza.

Agradeço também ao meu pai Ceferino Agüero Campos e à minha mãe Leonarda Blas Zorrilla, por serem os principais promotores dos meus sonhos, por confiarem e acreditarem nas minhas expectativas, pelos conselhos, valores e princípios que me incutiram durante a minha formação pessoal.

Agradeço aos meus irmãos: Angelica, Cristian e Brayan por me acompanharem ao longo desta árdua viagem e partilharem comigo alegrias e fracassos.

Agradeço aos meus professores pelo seu ensino e conselhos sábios ao longo da minha vida profissional.

Agüero Blas Paul Benjamín

ÍNDICE

3

DETERMINAÇÃO DO NÍVEL DE RUÍDO E O SEU EFEITO NA SAÚDE DOS HABITANTES DO HUARI, 2019

Benjamin Paul Blas Agüero

Email: benjamin05109@gmail.com

SÍNTESE

Actualmente, o ruído em decibéis elevados gera poluição sonora e é um incómodo público, razão pela qual esta investigação intitulada "Determinação do nível de ruído e o seu efeito na saúde dos habitantes de Huari, 2019" visa determinar os níveis de pressão sonora em zonas residenciais, comerciais e de protecção especial da cidade de Huari. A hipótese da investigação era que os níveis de ruído são mais elevados do que os permitidos e influenciam a saúde dos habitantes de Huari, 2019. A metodologia utilizada foi de acordo com a norma técnica, as medições foram efectuadas segundo as normas técnicas peruanas NTP ISO 1996-1:2007 e NTP ISO 1996-2:2008 e o instrumento utilizado para a medição foi um sonómetro de classe 1, recomendado pela norma internacional IEC 61672-1:2002, para trabalhos de campo com precisão nas seguintes áreas consideradas: Município de Huari, R_7 Jr. San Martin com Mariscal Toribio Luzuriaga, R_3 Av Magisterial com Jr Libertad, R_5 Jr C de Condamine com Jr San Martin, R_7 Jr San Martin com Mariscal Toribio Luzuriaga, R_9 Jr Áncash com Jr José Sucre, R_10 Jr Anchash com Jr Simón Bolívar, R_11 Jr Anchash com Jr Mariscal Ramón Castilla, R_1. Os dados foram recolhidos em 12, 13, 14 e 15 de Setembro de 2020.

 Colegio Manuel Gonzales Prada, R_2 CEPRO Antonio Raymondi, R_4 ESSALUD-Centro Medico Huari, R_6 CEPRO Virgen del Rosario

 Os resultados encontram-se na zona residencial 70,21816248 dB, zona comercial 69,33119676 dB e na zona de protecção especial 63,49602851 dB. Conclui-se que a zona residencial está acusticamente poluída e influencia a saúde dos habitantes, a zona comercial não está acusticamente poluída e influencia a saúde dos habitantes e a zona de protecção especial está acusticamente poluída e influencia a saúde dos habitantes.

Palavras-chave: Ruído, Poluição, Saúde, Saúde, sensibilidade, percepção e produtividade.

INTRODUÇÃO

A poluição sonora é um incómodo público generalizado, e foi demonstrado que a exposição prolongada ao ruído gera problemas de saúde tais como ansiedade, fadiga, perda de concentração, falta de sono e baixa produtividade. E de acordo com os resultados encontrados na cidade de Huari, há resultados correspondentes à perda de sono, fadiga, baixa concentração e produtividade.

A presente investigação intitulada "Determinação do nível de ruído e do seu efeito na saúde dos habitantes de Huari" foi realizada na cidade de Huari, onde se ouvem níveis elevados de ruído, pelo que foram recolhidas amostras em 12, 13, 14 e 15 de Setembro de 2020 na cidade de Huari, onde foram recolhidos dados da zona de protecção especial, zona comercial e zona residencial. A presente investigação está estruturada da seguinte forma

CAPÍTULO I. Este capítulo contém uma descrição da realidade problemática, formulação do problema, objectivos da investigação, justificação e delimitação da investigação.

CAPÍTULO II, Capítulo II contém os antecedentes da investigação, as bases teóricas, as hipóteses de investigação e a operacionalização da variável.

CAPÍTULO III, no Capítulo III encontramos a Metodologia, população, amostra, técnicas de processamento de dados e análise de dados.

CAPÍTULO IV, Consideramos os resultados e o processamento de dados.

CAPÍTULO V, Discussão da investigação

Nas referências bibliográficas, foram consideradas fontes primárias tais como monografias, artigos, e fontes electrónicas.

Nos anexos consideramos a matriz de consistência, a matriz de dados, o instrumento de recolha de dados e as bases de dados.

CAPÍTULO I
DECLARAÇÃO DE PROBLEMA

1.1 Descrição da realidade problemática

Sobre a Terra "a primeira cimeira teve lugar em Estocolmo (Suécia) de 5 a 16 de Junho de 1972, adoptou uma declaração estabelecendo princípios para a conservação e melhoria do ambiente humano e um plano de acção contendo recomendações para a acção ambiental internacional" Universidade Nacional da Colômbia (1972). E numa secção sobre a identificação e controlo de poluentes de amplo significado internacional, a Declaração "levantou pela primeira vez a questão das alterações climáticas, aconselhando os governos a ter em consideração actividades que possam causar alterações climáticas e a avaliar a probabilidade e magnitude do seu impacto no clima, e o ruído foi declarado poluente".

"A poluição sonora só recentemente foi levada a sério como um dos maiores problemas ambientais da nossa sociedade, em tempos até visto como algo positivo, pois era sinónimo de modernidade e dinamismo, pois a maior parte do ruído fazia parte da vida social e da actividade económica quotidiana" Nações Unidas (2019).

Também menciona que "O aumento da população e da actividade frenética nas nossas cidades resulta num aumento proporcional do ruído gerado pelo tráfego rodoviário, seguido da actividade industrial, empresarial e nocturna".

Embora seja verdade que o limiar de tolerância ao ruído varia de acordo com a situação, o indivíduo e a cultura, um inquérito realizado pela Agência Ambiental da CAM em França mostrou que as pessoas expostas a níveis de ruído superiores a 85 dBA tinham 12% mais problemas cardiovasculares, 37% mais problemas neurológicos e 10% mais problemas digestivos do que as pessoas expostas a níveis mais baixos.

Por outro lado, o ruído pode afectar os indivíduos de diferentes formas, dependendo dos seus factores. Dependendo do tipo, duração, localização e mesmo do momento em que ocorre, pode incomodar, irritar e irritar, em alguns casos até mesmo alterar o estado físico e psicológico das pessoas.

A perda auditiva temporária, irreversível ou progressiva é um dos efeitos físicos descritos relacionados com a poluição sonora, bem como as perturbações da pressão sanguínea e do ritmo cardíaco, tensão muscular e perturbações digestivas, entre outros.

O ruído também pode ter consequências psicológicas nos indivíduos, e pode afectar negativamente o stress, a concentração mental, a aprendizagem e a produtividade. A cidade de Huari não é estranha a este problema, razão pela qual os níveis de ruído e o seu efeito sobre a saúde dos habitantes serão investigados.

1.2   Formulação do problema

1.2.1   Problema geral

Os níveis de ruído medidos irão influenciar a saúde da população de Huari, 2019?

1.2.2 Problemas específicos

- Os níveis de ruído medidos na área residencial irão influenciar a saúde dos habitantes de Huari?
- Os níveis de ruído medidos na área comercial irão influenciar a saúde dos habitantes de Huari?
- Os níveis de ruído medidos na zona de protecção especial irão influenciar a saúde dos habitantes de Huari?

1.3 Objectivos de investigação

1.3.1 Objectivo Geral

Determinar os níveis de ruído que influenciam a saúde dos habitantes de Huari, 2019.

1.3.2 Objectivos específicos

- Medir os níveis de ruído na zona residencial que influenciam a saúde dos habitantes de Huari.
- Medir os níveis de ruído na área comercial que influenciam a saúde dos habitantes de Huari.
- Medir os níveis de ruído na zona de protecção que influenciam a saúde dos habitantes de Huari.

1.4 Justificação para a investigação

Justificação teórica e **científica**; esta investigação fornece informação sobre poluição sonora em áreas comerciais, residenciais e de protecção especial. Estes dados encontrados e contrastados com o inquérito a pessoas que vivem ou trabalham nestas áreas, mencionam ter problemas de stress, cansaço e irritabilidade causados pela poluição sonora.

Isto mostra que a exposição crónica ao ruído gera efeitos negativos na saúde; perda de audição, desempenho, stress, privação de sono. Para Hogan & Latshaw

(1973) "os mais altos níveis de pressão sonora são dados pelo tráfego rodoviário, indústria, aviões, caminhos-de-ferro, entre outros".

Justificação prática; nesta perspectiva, os resultados deste estudo fornecem uma riqueza de informação imersa no problema da poluição sonora na cidade de Huari. Do mesmo modo, o desenvolvimento de estratégias para controlar os efeitos negativos gerados por este sector que afectam negativamente a saúde da população, e assim melhorar a qualidade de vida da população de Huari.

Justificação académica; para alcançar a consignação na obtenção do Título Profissional de Engenheiro Ambiental realizando um trabalho de investigação corporizado na tese sobre "Os níveis da influência do ruído na saúde dos colonos de Huari, 2019" contribuindo de acordo com a norma no Regulamento de Diplomas e Títulos da Escola de Engenharia Ambiental.

1.5   Delimitações do estudo

1.5.1. Delimitação de conteúdo

- Campo: Ambiente
- Área: Saúde
- Aspecto: Normas nacionais de qualidade sonora ambiental
- Assunto: Níveis de ruído

1.5.2. delimitação espacial:

Esta investigação será levada a cabo na cidade de Huari.

1.5.3. prazo:

Os resultados deste trabalho de investigação corresponderão ao ano de 2019.

1.6   Viabilidade do estudo

O presente estudo é viável porque será realizado na cidade de Huari, e também porque a recolha de dados e a aplicação dos instrumentos é viável.

1.6.1. Pela disponibilidade da tecnologia

Serão disponibilizados materiais tecnológicos, tais como Tablet, laptop, Internet, para obter a informação necessária à nossa investigação, tais como revistas electrónicas, páginas web e livros virtuais.

1.6.2. por disponibilidade financeira

Haverá um orçamento projectado para cada despesa, seja ela de consultor, materiais, viagens, internet e impressão, USB, estatístico e CD.

1.6.3. para prontidão operacional

Será realizada de acordo com o calendário estabelecido.

CAPÍTULO II
QUADRO TEÓRICO

2.1   Antecedentes da investigação

2.1.1   Investigação internacional

Kalawapudi et al. (2020) na investigação intitulada "Poluição sonora na Região Metropolitana de Mumbai (MMR): uma ameaça ambiental emergente", o objectivo da investigação era medir a poluição sonora na Região Metropolitana de Mumbai. O presente estudo foi realizado para avaliar e avaliar quantitativamente os níveis de ruído ambiente na Região Metropolitana de Mumbai (MMR) composta por 9 cidades, nomeadamente Bhiwandi-Nizampur, Kalyan-Dombivli, Mira-Bhayandar, Mumbai, Navi Mumbai, Panvel, Thane, Ulhasnagar e Vasai- Virar. O ambiente sonoro foi avaliado com base em níveis de pressão sonora contínua equivalente (Leq), níveis de ruído dia-noite (LDN) e factor de ultrapassagem de ruído (NEF) durante o dia e a noite em dias de trabalho e dias não úteis em quatro categorias diferentes, a saber, zonas industriais, comerciais, residenciais e zonas sossegadas. Conclui que as zonas silenciosas têm sido as áreas mais afectadas, onde os níveis de poluição sonora e a NEF indicam uma violação excessiva dos limites de ruído permitidos devido a espaços não planeados, congestionados e indisciplinados para actividades comerciais e de

11

desenvolvimento, seguidos de perto por zonas residenciais e comerciais. As cidades com zonas industriais e comerciais separadas apresentavam ambientes menos ruidosos em comparação com aquelas cidades onde o padrão de uso do solo das zonas industriais e comerciais está em torno ou sobrepõe-se um ao outro. Por conseguinte, pode concluir-se que a demarcação adequada e a utilização planeada do espaço urbano é importante para evitar a exposição a níveis crescentes de poluição sonora. Com base na poluição sonora em (MMR), são sugeridas várias medidas de controlo, incluindo campanha de sensibilização e aplicação rigorosa das regras e regulamentos.

Sorin et al. (2020) na investigação intitulada "Estudo sobre a redução do ruído urbano em edifícios residenciais". O objectivo era analisar o ruído urbano e concluiu que este afecta a população tanto fisiológica como psicologicamente, influenciando actividades elementares como o sono, o descanso, o estudo e a comunicação. O ruído ambiental, um som nocivo e indesejado do exterior, está a espalhar-se, tanto em duração como em cobertura geográfica, e está associado a muitas actividades humanas, mas o ruído do tráfego rodoviário, em particular, representa um problema para o ambiente urbano. Este é particularmente o caso porque aproximadamente 75% da população europeia vive em cidades, onde o volume do tráfego rodoviário continua a aumentar.

Barbaresco et al. (2019) na investigação intitulada "Effects of environmental noise pollution on perceived stress and cortisol levels in street vendors" O presente estudo descreve e analisa os resultados experimentais de um estudo realizado com vendedores ambulantes expostos à poluição sonora, monitorizando as variações diárias dos níveis de cortisol tendo em conta a influência de variáveis como a idade e o índice de massa corporal (IMC). O estudo foi realizado com 17 vendedores ambulantes masculinos, habitantes de Uberlândia - Brasil, a trabalhar na região central da cidade. Os níveis de exposição ao ruído foram avaliados utilizando um dosímetro áudio e, de duas em duas horas, foram recolhidas amostras de saliva para determinação dos níveis de cortisol salivar através de imunoensaio enzimático. O nível sonoro medido equivalente ponderado A (LAeq) variou de 70,2 a 76,6 dB(A) durante o período de monitorização dos níveis endógenos de cortisol salivar. Conclui que os níveis de cortisol matinal nos vendedores ambulantes eram mais elevados nas pessoas mais velhas e com excesso de peso. Os níveis de ruído a que os sujeitos foram expostos estavam acima do limiar de conforto acústico estabelecido pela Organização Mundial de Saúde e podem, portanto, estar associados a um elevado desconforto e stress.

Garcia et al. (2015) na investigação intitulada "Protocolo para a gestão do ruído na construção em áreas urbanas: estudo de caso no município de Bilbao" mencionam que as medidas para controlar o ruído na construção devem ir além da medição do impacto e da reacção ao mesmo. A identificação de potenciais problemas antes que eles ocorram é a abordagem ideal. Ao mesmo tempo, as metodologias e protocolos propostos devem ser realistas e práticos, uma vez que serão implementados num quadro muito apertado, tanto em termos de restrições orçamentais como de tempo. Por conseguinte, o teste prático dos mesmos é mais do que bem-vindo. Este documento apresenta um procedimento para definir os requisitos acústicos para obras de construção urbana e uma metodologia para responder a estes requisitos na execução das obras. Ambos foram definidos como resultado da colaboração entre Tecnalia e uma empresa de construção num verdadeiro estaleiro de construção na cidade de Bilbao. Por conseguinte, considera as necessidades, capacidades e limitações expressas por uma autoridade pública local e uma empresa de construção privada. O procedimento inclui uma abordagem abrangente que considera: prever os impactos do ruído, propor medidas de atenuação e analisar a sua eficiência em tempo real durante o cronograma de construção. Como resultado do processo de trabalho, são obtidos critérios para adaptar os requisitos solicitados às diferentes obras. Estes critérios estão relacionados com: o tipo de obras, classificando-as de acordo com o seu nível de ruído; e as condições acústicas da zona, a sensibilidade ao impacto sonoro e os níveis de ruído ambiental existentes (consulta de mapas de ruído, preparados pela cidade). Conclui que a metodologia pode ser aplicada no planeamento e execução de obras de construção numa zona urbana. A metodologia enfrenta dois desafios fundamentais: ser aceite pelas autoridades que dirigem as obras, de modo a não interferir demasiado com os prazos e custos das obras, e ser aplicável pelas empresas de construção como parte do seu controlo ambiental.

Acosta et al. (2008) Na tese intitulada "Contaminación Sónica Sobre los Habitantes del Sector el Campito. Mérida. Venezuela". O objectivo geral era identificar as consequências da poluição sónica sobre os habitantes de Campito. A investigação conclui que o facto de estar constantemente exposto ao ruído de altos decibéis produz certas doenças físicas e psíquicas graves. Constatou que 85% dos inquiridos são afectados pelo ruído gerado na via pública, a insónia e o stress predominam em 305 e 21% respectivamente, e as reuniões informais na via pública geram desordem em 57%.

2.1.2 Investigação nacional

Quillos et al. (2020) trabalho de investigação intitulado "Estudio de contaminación acústica en la ciudad de Chimbote" (Estudo da poluição sonora na cidade de Chimbote). Ele menciona que a poluição sonora é hoje um grave problema de saúde humana. Afecta as sociedades modernas e está directamente relacionada com a actividade económica da população. A cidade de Chimbote não é estranha a esta situação. O objectivo era medir a poluição sonora na cidade de Chimbote. A fim de obter informações sobre o ruído urbano, foram determinados 24 pontos de amostragem, processando a informação durante 3 meses em cada ponto, seguindo os protocolos do Ministério do Ambiente peruano. O horário de trabalho era realizado em duas horas, de manhã (8:00-10:00) e à tarde (17:00-21:00), conhecido como hora de ponta e de crachá nas cidades de Lima, Medellín e México. . A zona urbana de Chimbote é uma zona comercial onde, segundo o MINAM, representa uma ECA de 70 dB. Conclui que os resultados permitidos de manhã excedem em 87,5% o limite permitido e à tarde o mesmo parece ser verdade, aumentando para 91,6%. Apenas os pontos 17 e 18 mostram valores inferiores a 70 dB. Valores superiores a 75 dB foram obtidos tanto de manhã como à tarde, representando 20,8% e 33,8% respectivamente. As avenidas José Pardo e José Gálvez são as mais ruidosas da cidade, onde o tráfego de veículos é a principal causa, seguidas pelo comércio de rua e instalações comerciais. Foram também realizados testes de adequação, determinando que os valores avaliados responderam a uma distribuição normal e obedeceram a uma curva paramétrica.

Baca & Seminario (2012) Na tese intitulada "Evaluación de Impacto Sonoro en la Pontificia Universidad Católica del Perú". Este estudo centra-se no impacto ambiental actualmente experimentado como ruído, e limita-se a analisar o exterior do campus universitário e a capturá-lo no mapa de ruído. O trabalho consistiu no registo dos níveis de pressão sonora utilizando medidores de nível sonoro e níveis de ruído estimados de acordo com as recomendações da Organização Mundial de Saúde.

Trujillo (2001) Na tese intitulada; "Contaminación Acústica de la Actividad Minera en la Región Central del Perú" (Poluição Sonora da Actividade Mineira na Região Central do Peru). O objectivo do estudo de investigação era medir a poluição sonora na actividade mineira em trabalhadores expostos a ruído de alta potência causado por máquinas de perfuração e equipamento pesado. Conclui que nos departamentos de Junín e Pasco, 22% têm problemas neurosensoriais causados pelo ruído de perfuração, motoristas, equipamento de trituração pesada, moagem e manutenção mecânica.

Vargas & Gonzáles (1975) na investigação intitulada "Níveis de Ruído na cidade de Lima". O seu objectivo é medir os níveis de ruído nos bairros da cidade com o objectivo de tornar o ambiente mais saudável e mais agradável. Conclui que o ruído é um dos poluentes ambientais e que as suas principais fontes são o sector dos transportes, a indústria e a construção. Também menciona que os níveis medidos excedem 75 dB na cidade de Lima.

Grau (2007) Na tese intitulada "Níveis de Ruído na Cidade de Cajamarca - 2007", o objectivo da investigação era medir o nível de ruído nos distritos que compõem a cidade de Cajamarca. A metodologia utilizada foi a da gestão ambiental e o seu objectivo era medir os níveis de ruído da comunidade. Conclui que os níveis de ruído excedem o máximo permitido pela OMS e que nas instituições de ensino, centros de saúde e zonas periféricas os níveis oscilam entre 82,9 e 95,2dB.

2.2 Base teórica

As Normas de Qualidade Ambiental Primárias para o Ruído

De acordo com o jornal oficial El Peruano (2003) "as Normas de Qualidade Ambiental Primária (EA) para o ruído estão encarregadas de estabelecer os níveis máximos de ruído no ambiente e estes não devem ser ultrapassados a fim de proteger a saúde humana" (p.5). Infelizmente, investigações diferentes mostram que não cumprem as normas de qualidade do ruído e que estas trazem efeitos negativos para a saúde humana.

Também que estes ECAS consideram como "parâmetro o Nível de Pressão Sonora Contínua Equivalente ponderado A (LAeqT) e têm em conta as áreas de aplicação e os calendários de acordo com o peruano (2003; p.4).

As zonas de aplicação das Normas Nacionais de Qualidade Ambiental para o Ruído

Para efeitos do presente regulamento, "são especificadas as seguintes zonas de aplicação: Zona Residencial, Zona Comercial, Zona Industrial, Zona Mista e Zona de Protecção Especial". As zonas residenciais, comerciais e industriais devem ter sido estabelecidas como tal pelo município correspondente" de acordo com El Peruano (2003;p. 4).

Zonas mistas

Quando existem zonas mistas, a TCE aplicar-se-á da seguinte forma:

"Onde houver uma zona mista Residencial - Comercial, será aplicado o ECA da zona residencial; onde houver uma zona mista Comercial - Industrial, será aplicado o ECA da zona comercial; onde houver uma zona mista Industrial - Residencial, será aplicado o ECA da zona Residencial; e onde houver uma zona mista Residencial - Comercial - Industrial, será aplicado o ECA da zona Residencial" de acordo com o Diario el Peruano (2003;p. 4). Por conseguinte, os regulamentos de zoneamento serão tidos em consideração.

Áreas de protecção especial

"Relativamente aos municípios provinciais em coordenação com os municípios distritais, devem identificar zonas especiais de protecção e dar prioridade às acções ou medidas necessárias a fim de cumprir o ECA 50 dBA para o dia e 40 dBA para a noite" Diario el Peruano (2003;p. 4).

Pontos quentes de poluição sonora

"Os municípios provinciais em coordenação com os municípios distritais identificarão as áreas críticas de poluição sonora localizadas na sua jurisdição e darão prioridade às medidas necessárias para alcançar os valores estabelecidos", segundo El Peruano, (2003;p.4).

Normas Nacionais de Qualidade Ambiental para o Ruído

Áreas de aplicação	Horário diurno	Noite
Área de Protecção Especial	50	40
Área Residencial		50
Zona Comercial	70	
Zona Industrial	80	70

Normas legais

De acordo com o Artigo 10.- "Em áreas com A (LAeqT) superior aos valores estabelecidos no ECA, deve ser adoptado um Plano de Acção para a Prevenção e Controlo da Poluição Sonora que inclua as políticas e acções necessárias para alcançar os padrões correspondentes à sua área num período máximo de cinco (5) anos a partir da entrada em vigor do presente Regulamento" MINAM (2013;p.2).

Estes planos serão elaborados em conformidade com as disposições do artigo 12° do presente regulamento. "O prazo para que as áreas identificadas como zonas de protecção especial atinjam os valores estabelecidos no TCE será de vinte e quatro (24) meses, contados a partir da publicação deste regulamento "MINAM (2013;p. 2)". Relativamente ao prazo para as áreas identificadas como críticas para atingir os valores estabelecidos no TCE, serão quatro (04) anos, contados a partir da publicação do presente regulamento.

De acordo com o artigo 11.- Quanto à aplicabilidade das Normas Nacionais de Qualidade Ambiental para o Ruído "constituem um objectivo de política ambiental e referência obrigatória na concepção e implementação de políticas públicas, sem prejuízo das sanções decorrentes da aplicação deste regulamento" Ministério do Ambiente (2013;p.8).

De acordo com o artigo 12.- dos Planos de Acção para a Prevenção e Controlo da Poluição Sonora menciona

> Que os municípios provinciais em coordenação com os municípios distritais, e também os municípios provinciais e distritais elaborem planos de acção para a prevenção e controlo da poluição sonora, a fim de estabelecer as políticas,

estratégias e medidas necessárias para não exceder as Normas Nacionais de Qualidade do Ruído Ambiental MINAM (2013;p.8).

Estes planos devem estar em conformidade com as directrizes aprovadas pelo Conselho Nacional do Ambiente (CONAM). Neste caso, as municipalidades distritais tomarão decisões com base nas orientações do Plano de Acção Provincial. "Do mesmo modo, os municípios provinciais devem estabelecer os mecanismos de coordenação interinstitucional necessários para a implementação das medidas identificadas nos Planos de Acção" MINAN (2013; p.8).

De acordo com o Artigo 14: "A vigilância e o controlo da poluição sonora a nível local é uma actividade a realizar pelos municípios provinciais e distritais de acordo com as suas competências, com base nas directrizes estabelecidas pelo Ministério da Saúde" Biblioteca Virtual do Ministério do Ambiente (2015;p.9). Também menciona que os municípios podem confiar tais actividades a instituições públicas ou privadas.

Os resultados da monitorização da poluição sonora devem estar disponíveis ao público.

O Ministério da Saúde

Através da Direcção Geral de Saúde Ambiental (DIGESA), avaliará os programas de monitorização da poluição sonora, prestando apoio aos municípios, se necessário. A DIGESA irá preparar um relatório anual sobre os resultados desta avaliação.

De acordo com o artigo 15.- "O Instituto Nacional de Defesa da Concorrência e Protecção da Propriedade Intelectual - INDECOPI é responsável pela verificação do equipamento utilizado para a medição do ruído" Biblioteca Virtual do Ministério do Ambiente (2015;p.8).

"A calibração do equipamento deve ser efectuada por entidades devidamente autorizadas e certificadas para o efeito pelo INDECOPI" Biblioteca Virtual del Ministerio de Ambiente, (2015; p.8).

De acordo com o artigo 16.- Os municípios provinciais devem

> Devem utilizar os valores indicados no Anexo N° 1, a fim de estabelecer regras, no âmbito das suas competências, que lhes permitam identificar os responsáveis pela poluição sonora e aplicar, se necessário, as sanções correspondentes de acordo com a Biblioteca Virtual do Ministério do Ambiente (2015;p.9).

Estas regras também

> Têm de considerar critérios apropriados para a atribuição de responsabilidades, os quais são estabelecidos pelo Decreto Legislativo N° 613 Código do Ambiente e dos Recursos Naturais, têm também poderes para estabelecer proibições e restrições aos sectores geradores de ruído de acordo com a duração, tempo e persistência.

De acordo com o Artigo 18.- relativamente a situações especiais, tais como municípios provinciais ou distritais, conforme o caso

> Podem autorizar a realização de actividades ocasionais que gerem temporariamente níveis de poluição sonora superiores aos estabelecidos nas normas nacionais de qualidade ambiental para o ruído, e cujo desempenho seja de interesse público. A autorização que lhes é dada deve definir as condições em que a actividade será realizada de acordo com as características e os calendários MINAM (2013;p.9).

De acordo com o artigo 19.- o Conselho Nacional do Ambiente (CONAM, 2017;p.10) está encarregado de promover

> a) promover e supervisionar o cumprimento das políticas ambientais em cada sector com vista a exceder as normas de qualidade sonora ambiental dentro dos limites admissíveis.

b) Aprovar as Directrizes Gerais para a elaboração de planos de acção para a prevenção e controlo da poluição sonora CONAM (2017;p.10).

Artigo 20.- o ministério da saúde tem as seguintes funções:

a) Estabelecer ou validar critérios e metodologias para a implementação das actividades contidas no artigo 14° do presente regulamento de acordo com a Biblioteca Virtual do Ministério do Ambiente (2015;p.11).

b) Avaliar os programas locais de vigilância e controlo da poluição sonora, podendo confiar tais acções a instituições públicas ou privadas de acordo com a Biblioteca Virtual do Ministério do Ambiente (2015;p.11).

Artigo 23.- As funções legais dos municípios provinciais são:

a) Elaborar e implementar, em coordenação com os Municípios Distritais, planos de prevenção e controlo da poluição sonora, em conformidade com o artigo 12 do presente Regulamento, de acordo com o CONAM (2017;p.11).

b) Controlar o cumprimento das disposições do presente regulamento, a fim de prevenir e controlar a poluição sonora CONAM (2017;p.11)

c) Elaborar, estabelecer e aplicar a escala de sanções para as actividades regulamentadas da sua competência que não cumpram as disposições do presente Regulamento CONAM (2017; p.11)

d) Emitir regulamentos de prevenção e controlo da poluição sonora para actividades comerciais, de serviços e domésticas, em coordenação com os municípios distritais CONAM (2017;p. 11).

e) Elaborar, em coordenação com os Municípios Distritais, os limites máximos admissíveis das actividades e serviços sob a sua jurisdição, respeitando as disposições do presente Regulamento CONAM (2017;p. 11).

De acordo com o artigo 24.- Municípios Distritais, os Municípios Distritais, sem prejuízo das funções legalmente atribuídas, são competentes para o efeito:

a) Implementar, em coordenação com os Municípios Provinciais, os planos de prevenção e controlo da poluição sonora na sua área, em conformidade com as disposições do Artigo 12 do presente Regulamento.

b) Controlar o cumprimento das disposições constantes destes regulamentos, a fim de prevenir e controlar a poluição sonora dentro do quadro estabelecido pela Câmara Municipal Provincial.

c) Elaborar, estabelecer e aplicar a escala de sanções para actividades regulamentadas sob a sua competência que não cumpram as disposições do presente regulamento, no quadro estabelecido pela Câmara Municipal Provincial correspondente.

Artigo 124--Penas Aqueles que cometem qualquer uma das infracções referidas no artigo anterior estão sujeitos a penas:

Aqueles que incorrerem nas causas previstas nas alíneas (a), (b) e (c) serão sancionados com uma multa equivalente a 1% da unidade fiscal (UIT) em vigor na data em que o pagamento for efectuado MINAM (2017; p.16).

MINAM (2020; p.16) menciona também que 0,5% da Unidad impositiva Tributaria (UIT) em vigor na data em que o pagamento é efectuado. e o pagamento, para aqueles que não cumpram com a actualização dos dados, como indicado no presente Regulamento.

2.3   Definição de termos básicos

- **Acústica:** "Energia mecânica sob a forma de ruído, vibrações, trepidações, infra-som, som e ultra-som" Universidade de Jaen (2019;p.2).

- **Barreiras acústicas:** "Dispositivos que se interpõem entre a fonte emissora e o receptor atenuam a propagação aérea do som, evitando a incidência directa para o receptor" Universidade de Jaen (2019;p.3).

- **Poluição sonora:** "Presença no ambiente externo ou no interior de edifícios de níveis de ruído que geram riscos para a saúde e bem-estar humanos" Universidade de Jaen (2019;p.1).

- **Decibel (dB):** "Uma unidade sem dimensão utilizada para expressar o logaritmo da razão entre uma quantidade medida e uma quantidade de referência" Universidade de Jaen (2019;p.2). O decibel é utilizado para descrever os níveis de pressão, potência e intensidade.

- **Decibel A (dBA):** "Uma unidade sem dimensão do nível de pressão sonora medida com o filtro de peso A, que permite registar o nível de acordo com o comportamento da audição humana" Universidade de Jaen (2019;p.2).

- **Emissões**: "Nível de pressão sonora existente num determinado local proveniente da fonte emissora de ruído localizada no mesmo local" Biblioteca Virtual do Ministério do Ambiente (2015:p.3).

- **Padrões primários de qualidade ambiental para o ruído:** "São aqueles que consideram os níveis máximos de ruído no ambiente exterior, que não devem ser excedidos a fim de proteger a saúde humana" Biblioteca Virtual do Ministério do Ambiente (2015;p.2).

- **Horário diurno:** Período das 07:01 horas às 22:00 horas.

- Período **nocturno:** Período das 22:01 horas às 07:00 horas do dia seguinte.

- **Imissão**: "Nível de pressão sonora contínuo equivalente ponderado A percebido pelo receptor num determinado local que não seja a localização da(s) fonte(s) de ruído" Biblioteca Virtual do Ministério do Ambiente (2015;p.4).

* **Monitorização:** "Acção de medição e obtenção de dados numa base programada sobre parâmetros que afectam ou modificam a qualidade do ambiente" Biblioteca Virtual do Ministério do Ambiente (2015;p.5).

* **Ruído:** "Som indesejável que perturba, prejudica ou afecta a saúde das pessoas" Biblioteca Virtual do Ministério do Ambiente (2015;p.6).

* **Ruído Exterior:** "Todos os ruídos que podem causar incómodo fora do recinto ou propriedade contendo a fonte emissora" Biblioteca Virtual do Ministério do Ambiente (2015;p.6).

2.4 Hipóteses de investigação

2.4.1 Hipótese geral

Os níveis de ruído medidos influenciam a saúde dos habitantes de Huari, 2019.

2.4.2 Hipóteses específicas

* Os níveis de ruído medidos influenciam a saúde dos residentes de Huari
* Os níveis de ruído medidos influenciam a saúde dos residentes de Huari
* Os níveis de ruído medidos influenciam a saúde dos residentes de Huari

2.5 Operacionalização das variáveis

Variável Independente	Definição	Dimensões	Indicadores	Escalas de medição
Níveis de Ruído	**Conceptual:** "É o nível de pressão sonora constante, expresso em decibéis A, que no mesmo intervalo de tempo (T), contém a mesma energia total que o som	Área residencial	De dia	60 decibéis
		Área comercial	De dia	70 decibéis
		Zona industrial	De dia	80 decibéis
		Zona mista	De dia	60 decibéis

| | medido" normas legais, jornal El Peruano, (2003). **Operacional:** Limite sólido e saudável (OMS, 2019) | Área de protecção especial | De dia | 50 decibéis |
| | | Zona crítica | De dia | 80 decibéis |

Variável dependente	Definição	Resignações	Indicadores	Escalas de medição
Saúde do povo de Huari	**Conceptual:** Um conjunto de condições físicas em que um ser vivo se encontra numa dada circunstância ou num dado momento. **Operacional:** "Estado em que um ser ou organismo vivo está livre de lesões ou doenças e exerce normalmente todas as suas funções" OMS (2019).	Audição	Gama de danos causados	• Sem efeito • Efeito muito baixo • Baixo efeito • Efeito elevado • Efeito muito elevado
		Sonho	Gama causadora de danos	• Sem efeito • Efeito muito baixo • Baixo efeito • Efeito elevado • Efeito muito elevado
		Cardiovascular	Gama de danos causados	• Sem efeito • Efeito muito baixo • Baixo efeito • Efeito elevado Efeito muito elevado
		Stress	Gama de danos causados	• Sem efeito • Efeito muito baixo • Baixo efeito • Efeito elevado • Efeito muito elevado
		Desempenho	Gama de danos causados	• Sem efeito • Efeito muito baixo • Baixo efeito • Efeito elevado • Efeito muito elevado

		Fetos e recém-nascidos	Gama de danos causados	<ul><li>Sem efeito</li><li>Efeito muito baixo</li><li>Baixo efeito</li><li>Efeito elevado</li><li>Efeito muito elevado</li></ul>

CAPÍTULO III
METODOLOGIA

3.1 Desenho metodológico

"O tipo é aplicativo porque a investigação é realizada para agir e transformar um determinado problema, de acordo com Carrasco" (2005).

"O nível de investigação é preliminar ou exploratório porque está em contacto directo com a realidade a ser investigada" Carrasco (2005).

"A abordagem da investigação é quantitativa" Carrasco (2005).

"Projecto de investigação experimental porque envolve medição, controlo e validade do ruído" Carrasco (2005).

Passos a serem seguidos neste trabalho de investigação

Identifique áreas para amostrar

Tire amostras com o medidor de nível de som nas áreas estabelecidas

realizar um levantamento para a variável Saúde

tabular os dados para cada variável

carregue os dados para o statgrafic para encontrar as estatísticas

analise os dados obtidos

processar informações e comunicar

A metodologia consistirá em identificar as áreas a amostrar, depois calibrar o sonómetro, recolher as amostras, tabular os dados e introduzi-lo no SSPS para trabalhar nas estatísticas, analisar os resultados, reconhecer e comunicar os resultados.

3.2 População e amostra

3.2.1 População

A população de Huari tem 4850 habitantes e 1534 habitações de acordo com o INEI, Censo 2018.

3.2.2 Amostra

A fórmula geral para populações finitas

$$n = \frac{N * Z^2 p + q}{d^2 * (N - 1) + Z^2 * p * q}$$

$$n = \frac{4850 * 1.96^2 * 0.05 * 0.95}{0.05^2 * (4850 - 1) + 1.96^2 * 0.05 * 0.95}$$

$$n = 72$$

Onde:

n = tamanho da amostra

$Z\alpha$= 1,96 ao quadrado (se 95% de confiança), grau de confiança

p = Proporção da população que tem a característica de interesse que estamos interessados em medir, (neste caso 5% = 0,05).

q= Proporção da população que não tem a característica de interesse que estamos interessados em medir, q= 1 - p (neste caso 1-0,05 = 0,95).

d = precisão (na sua investigação use 5%).

N = Tamanho da população

Vamos trabalhar nas seis zonas estabelecidas da cidade de Huari. A amostragem a ser utilizada é estratificada: zona residencial, zona comercial, zona protegida e zona de protecção especial.

As zonas industriais, mistas e críticas que não se encontram na cidade de Huari foram excluídas, e as zonas comerciais, de protecção especial e residenciais que existem na cidade foram consideradas.

3.3   Técnicas de recolha de dados

Instrumento para medir a variável independente

O Medidor de Nível Sonoro. É um instrumento de medição utilizado para medir os níveis de pressão sonora (intensidade sonora e a sua percepção de ruído).

Estes dispositivos permitem-nos medir objectivamente o nível de pressão sonora. Os resultados são expressos em decibéis (dB). "Para determinar danos auditivos, o equipamento funciona utilizando uma escala ponderada A que deixa passar apenas as frequências às quais o ouvido humano é mais sensível, respondendo ao som de forma semelhante à forma como o ouvido humano responde ao som" EcuRED (2018). "O dispositivo consiste de um microfone, uma secção de processamento e uma unidade de leitura. Embora normalmente, quando se fala de sonómetros, o microfone está incluído, por ser um elemento essencial, aqui escolhemos separá-los uma vez que o microfone é um elemento aplicável a qualquer tipo de instrumento de medição sonora, enquanto que o sonómetro é um dispositivo específico" EcuRED (2018). Com este instrumento, as amostras serão recolhidas durante uma semana em cada zona.

Instrumento para medir a variável dependente

O instrumento para medir a saúde dos trabalhadores consiste em sete questões e tem as seguintes escalas de medição 1= nenhum efeito, 2=muito efeito baixo, 3=baixo efeito, 4=alto efeito, 5=muito alto efeito. Será aplicado nas áreas estabelecidas.

Validade do instrumento

De acordo com La Torre (citado por Valderrama, 2015, p.206). Validade é entendida como o valor em que reflecte com precisão o traço, particularidade ou dimensão que se destina a calcular. A validade ocorre a diferentes níveis e é essencial determinar o tipo de validade do teste". Para a presente investigação, foram considerados dois profissionais com estudos de doutoramento em Ciências Ambientais e um profissional com estudos de doutoramento em Física a fim de verificar o instrumento da variável dois em Física.

Quadro1

Validade do Conteúdo por Julgamento de Perito do Instrumento de Educação Virtual.

	Grau académico	Nome e Apelido do perito	Opinião
1	Magister	Medina Zabaleta Damner Armando	aplicável
	Magister	La Rosa Trinidad Domingo Manuel	aplicável
	Magister	Felles Isidro Claudia Liliana	aplicável

Fiabilidade do instrumento

De acordo com Hernández et al (2014), "A fiabilidade de um instrumento e medição refere-se ao grau em que a sua aplicação repetida ao mesmo indivíduo ou objecto produz os mesmos resultados" (p.200). A fiabilidade neste estudo diagnostica a fiabilidade dos dados do inquérito, e também fornece autenticidade nos mesmos, para os quais foi utilizada a seguinte gama:

Quadro 2

Estatísticas de Fiabilidade para o Instrumento

Estatísticas de fiabilidade	
O alfa de Cronbach	N de elementos
,969	

Como 0,969 > 0,8 mínimo aceitável, o instrumento passa o teste de fiabilidade.

3.4 Técnicas para o processamento de informação

Processamento de dados.

Uma vez obtidos os dados do sonómetro e o questionário de saúde ocupacional, os dados foram tabulados em excel, depois analisados para cada uma das variáveis considerando as equações relevantes e contrastando os dados encontrados com a tabela de limites permitidos para o ruído estabelecida nos regulamentos peruanos. No caso do questionário sobre saúde ocupacional, trabalhámos com o teste estatístico SSPS versão 22.

CAPÍTULO IV
RESULTADOS

4.1   Análise dos resultados

Resultados dos níveis de Ruído Variável na Cidade de Huari

Os níveis de ruído na área residencial afectam a saúde dos habitantes de Huari.

R_12 Provincial Municipal de Huari:

Quadro 3

Nível de pressão da banda de oitava obtido para cada medição no ponto 12 e o

respectivo cálculo da pressão sonora

F (Hz)	LAeq (dB)	LAeq (dB)	LAeq (dB)
31.25	32.9	40.9	33.7
62.5	47.9	54.4	46.5
125	52.9	59.5	53.5
	57.7	61.8	60.1
	59.2	63.2	
	62.8	69.1	66.8
2000	61.4		63.6
	56.7	61.3	57.2
8000	45.9	53.3	
16000	37.3		34.5
soma 10$^{(LA/10)}$ =>	5477056.188	20795060.83	10208016.25
LAeq (dB) =>	67.38547196	73.17960195	70.08941353

Fonte: Elaboração própria

Nota: O Quadro 1 mostra no ponto 12 o nível de pressão sonora equivalente

que são consistentes com base no Anexo 2, o nível de pressão sonora contínua equivalente, ou média energética da pressão sonora é 70,84735546 dB. A distribuição de frequência para cada medição também é mostrada.

O seguinte é a medição do nível de pressão sonora linear da banda Octave dos dados recolhidos.

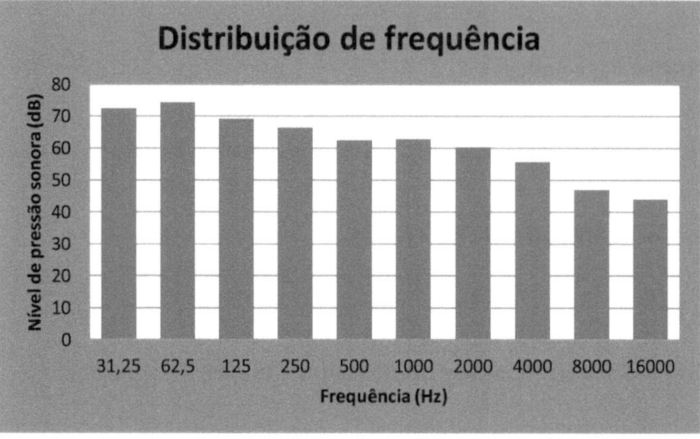

Figura 1: nível de pressão da banda Octave obtido para cada medição no ponto 12 e o respectivo cálculo da pressão sonora para a primeira aquisição de dados.

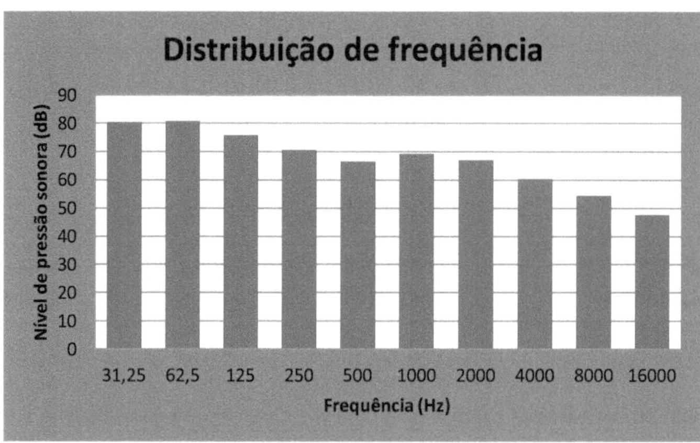

Figura 2: nível de pressão da banda Octave obtido para cada medição no ponto 12 e o respectivo cálculo da pressão sonora para a segunda aquisição de dados.

34

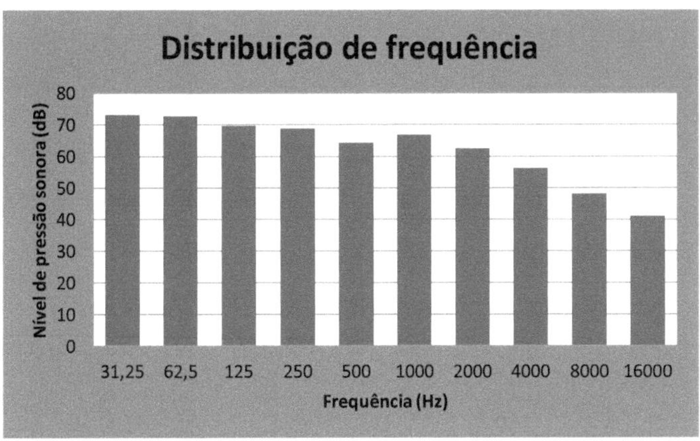

Figura 3: nível de pressão da banda de oitava obtido para cada medição no ponto 12 e o respectivo cálculo da pressão sonora para a terceira medição.

Os níveis de ruído na área comercial afectam a saúde dos habitantes de Huari.

R_3 Av. Magisterial com Jr. Libertad

Quadro 4

Nível de pressão da banda de oitava obtido para cada medição no ponto 3 e o

respectivo cálculo da pressão sonora

F(Hz)	LAeq (dB)	LAeq (dB)	LAeq (dB)
31.25	32.4	37.3	
62.5	50.2	49.4	49.6
125	58.5	49.1	56.4
	60.6	56.3	57.5
	60.2	60.9	60.3
	63.5	63.8	65.8
2000	64.2	64.1	64.5
	52.7	56.7	57.7
8000	48.3	49.5	49.9
16000	35.3	38.5	37.4
soma 10(LA/10) =>	8135873.193	7363766.413	9477898.299
LAeq (dB) =>	69.10404171	68.67100004	69.76712044

Fonte: Elaboração própria

Nota: O Quadro 2 mostra o nível de pressão sonora equivalente em decibéis no ponto 3, que são consistentes com o Anexo 2, o nível de pressão sonora contínua equivalente, ou pressão sonora média energética é de 69.20083742 dB(A). A distribuição de frequência para cada medição também é mostrada.

O seguinte é a medição do nível de pressão sonora linear da banda Octave dos dados recolhidos.

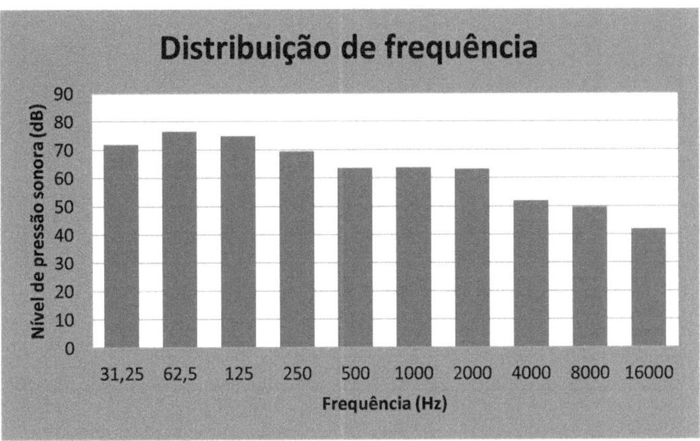

Figura 4 Nível de pressão da banda Octave obtido para cada medição no ponto 3 e o respectivo cálculo da pressão sonora para a primeira aquisição de dados.

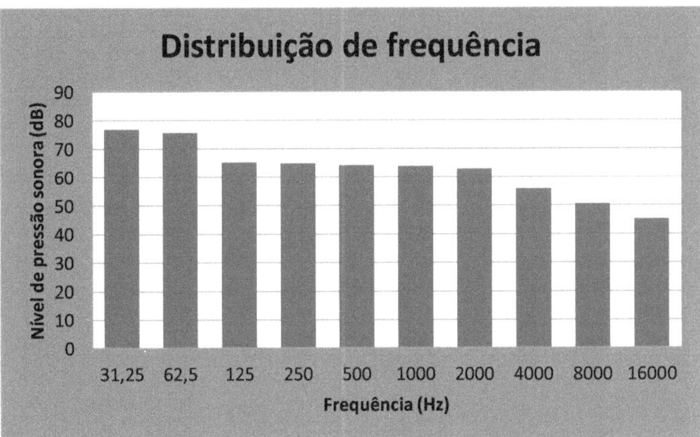

Figura 5 Nível de pressão da banda de oitava obtido para cada medição no ponto 3 e o respectivo cálculo da pressão sonora para a segunda aquisição de dados.

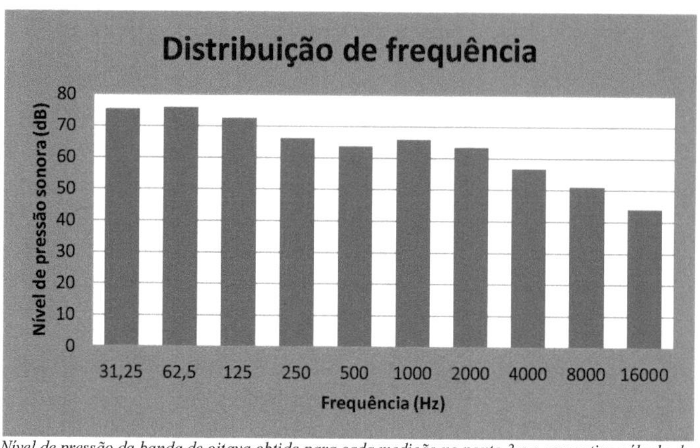

Figura 6 Nível de pressão da banda de oitava obtido para cada medição no ponto 3 e o respectivo cálculo da pressão sonora para a terceira medição.

R_5 Jr. C de Condamine com Jr. San Martin

Quadro 5

Nível de pressão da banda de oitava obtido para cada medição no ponto 5 e o respectivo cálculo da pressão sonora

F (Hz)	LAeq (dB)	LAeq (dB)	LAeq (dB)
31.25	33.4	38.3	43
62.5	55.2	52.4	56.6
125	63.5	57.1	63.4
	65.6	61.3	65.5
	65.2	63.9	68.3
	70.5	68.8	72.8
2000	67.2	67.1	72.5
	60.7	59.7	65.7
8000	51.3	52.5	57.9
16000	37.3	39.5	45.4
soma 10(LA/10) =>	27297555.09	18331458.44	54177788.34
LAeq (dB) =>	74.36123751	72.63197018	77.33821272

Fonte: Elaboração própria

Nota: O Quadro 3 mostra o nível de pressão sonora equivalente em decibéis no ponto 5, que são consistentes com o Anexo 2, o nível de pressão sonora

38

contínua equivalente, ou pressão sonora média energética é 75,21952664 dB(A).

A distribuição de frequência para cada medição também é mostrada.

O seguinte é a medição do nível de pressão sonora linear da banda Octave

das amostragens.

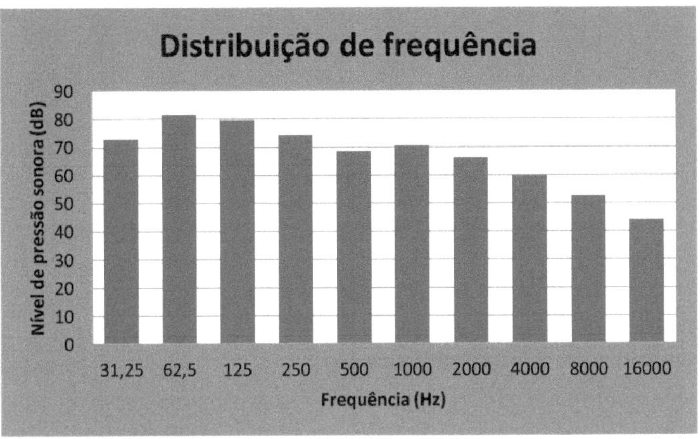

Figura 7 Nível de pressão da banda Octave obtido para cada medição no ponto 5 e o respectivo cálculo da pressão sonora para a primeira aquisição de dados.

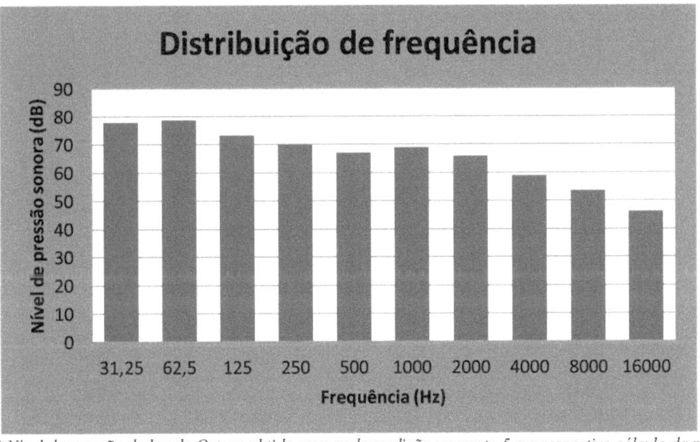

Figura 8 Nível de pressão da banda Octave obtido para cada medição no ponto 5 e o respectivo cálculo da pressão sonora para a segunda aquisição de dados.

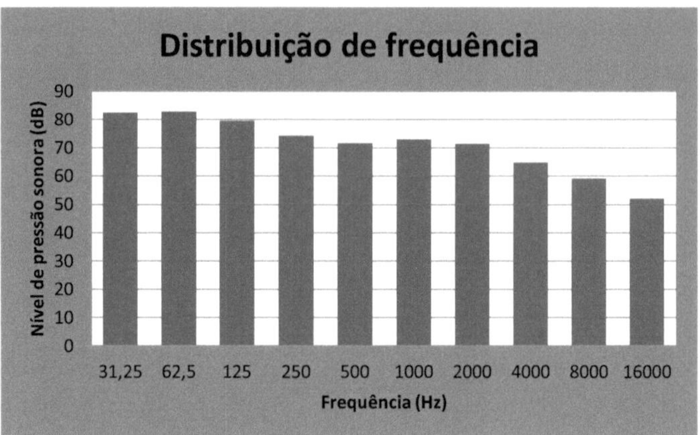

Figura 9 Nível de pressão da banda de oitava obtido para cada medição no ponto 5 e o respectivo cálculo da pressão sonora para a terceira medição.

R_7 Jr. San Martin com Mariscal Toribio Luzuriaga

Quadro 6

Nível de pressão da banda de oitava obtido para cada medição no ponto 7 e o

respectivo cálculo da pressão sonora

F (Hz)	LAeq (dB)	LAeq (dB)	LAeq (dB)
31.25	30.4	36.3	
62.5	48.2	46.4	52.6
125	56.5	50.1	59.4
	58.6	54.3	60.5
	58.2	56.9	63.3
	63.5	61.8	68.8
2000	62.2	65.1	67.5
	54.7	55.7	60.7
8000	45.3	50.5	52.9
16000	31.3	37.5	40.4
soma 10(LA/10) =>	6127641.17	6148037.283	18910893.3
LAeq (dB) =>	67.87293325	67.88736492	72.76712044

Fonte: Elaboração própria

Nota: O Quadro 4 mostra o nível de pressão sonora equivalente em decibéis

no ponto 7, que são consistentes com o Anexo 2, o nível de pressão sonora

contínua equivalente, ou pressão sonora média energética é 61,50869726 dB(A).

A distribuição de frequência para cada medição também é mostrada.

O seguinte é a medição do nível de pressão sonora linear da banda Octave

das amostragens.

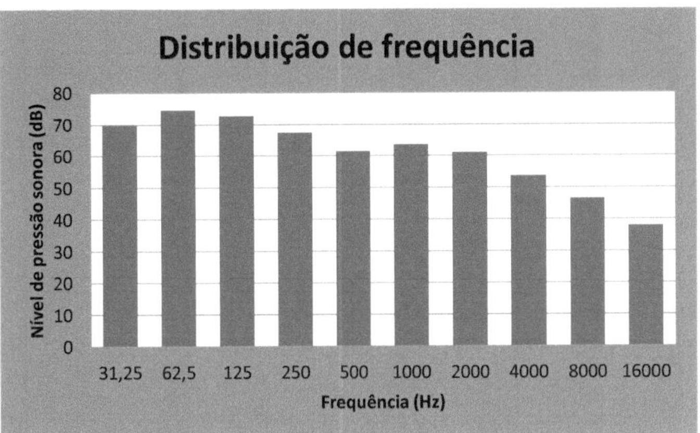

Figura 10: nível de pressão da banda de oitava obtido para cada medição no ponto 7 e o respectivo

cálculo da pressão sonora para a primeira aquisição de dados

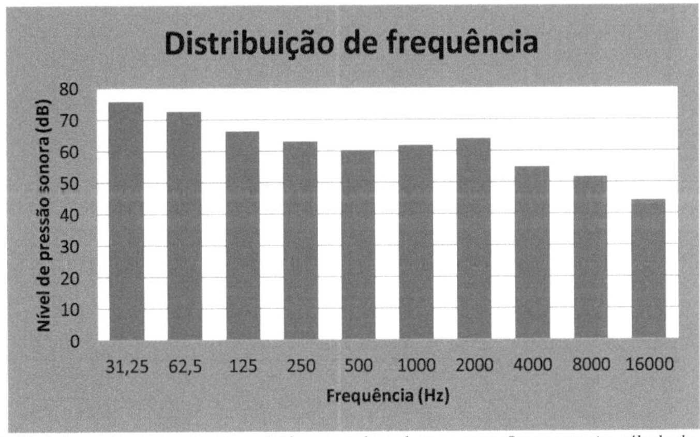

Figura 11 Nível de pressão da banda Octave obtido para cada medição no ponto 7 e o respectivo cálculo da
pressão sonora para a segunda aquisição de dados.

41

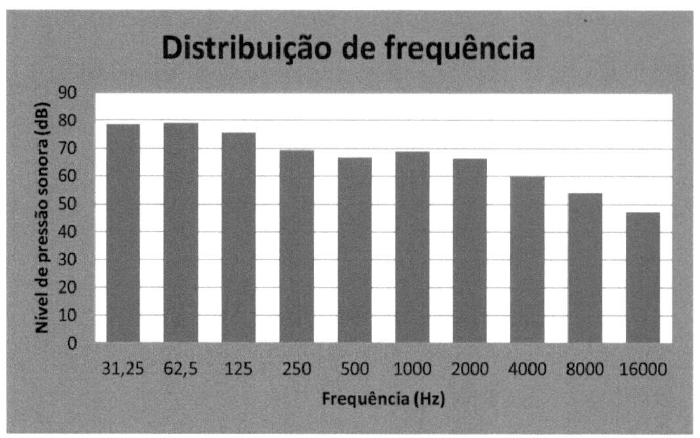

Figura 12 Nível de pressão da banda de oitava obtido para cada medição no ponto 7 e o respectivo cálculo da pressão sonora para a terceira medição.

R_8 Mariscal Toribio Luzuriaga com Jr. Anchash

Quadro 7

Nível de pressão da banda de oitava obtido para cada medição no ponto 8 e o respectivo cálculo da pressão sonora

F(Hz)	LAeq (dB)	LAeq (dB)	LAeq (dB)
31.25	22.4	18.3	30
62.5	35.2	31.4	43.6
125	49.5	35.1	50.4
	52.6	40.3	51.5
500	50.2	44.9	52.3
	50.5	48.8	59.8
2000	56.2	58.1	59.5
	47.7	40.7	52.7
8000	38.3	33.5	44.9
16000	24.3	20.5	32.4
soma 10(LA/10) =>	974278.7034	781913.9616	2509727.609
LAeq (dB) =>	59.8868321	58.93158968	63.99626588

Fonte: Elaboração própria

Nota: O Quadro 5 mostra o nível de pressão sonora equivalente em decibéis

no ponto 8, que são consistentes com o Anexo 2, o nível de pressão sonora

42

contínua equivalente, ou pressão sonora média energética é de 64,50201279

dB(A). A distribuição de frequência para cada medição também é mostrada.

O seguinte é a medição do nível de pressão sonora linear da banda Octave

das amostragens.

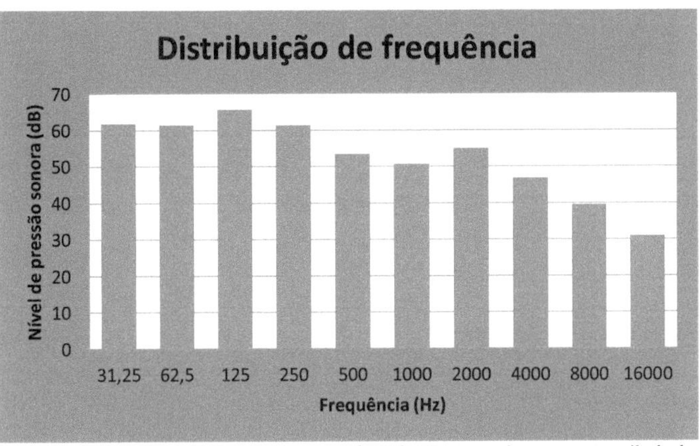

Figura 13 Nível de pressão da banda Octave obtido para cada medição no ponto 8 e o respectivo cálculo da pressão sonora para a primeira aquisição de dados.

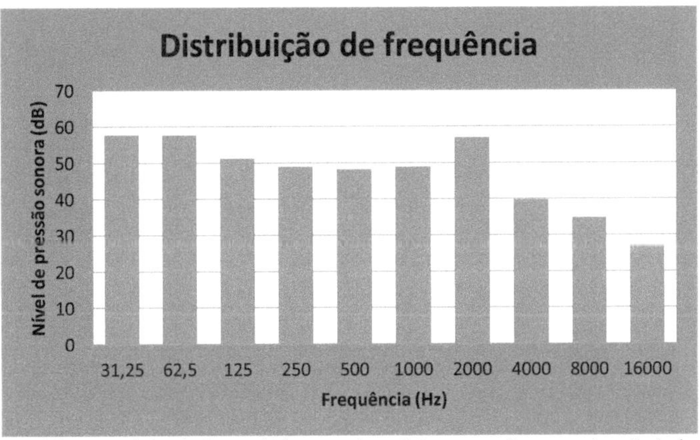

Figura 14 Nível de pressão da banda Octave obtido para cada medição no ponto 8 e o respectivo cálculo da pressão sonora para a segunda aquisição de dados.

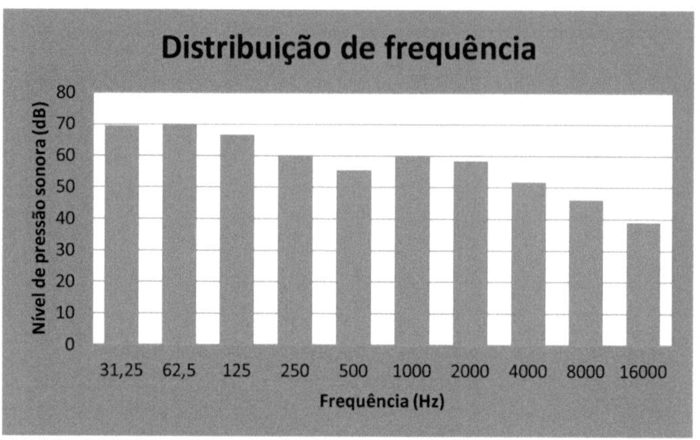

Figura 15 Nível de pressão da banda de oitava obtido para cada medição no ponto 8 e o respectivo cálculo da pressão sonora para a terceira medição.

R_9 Jr.Ancash com Jr. Jr. Jose Sucre

Quadro 8

Nível de pressão da banda de oitava obtido para cada medição no ponto 9 e respectivo

cálculo da pressão sonora

F (Hz)	LAeq (dB)	LAeq (dB)	LAeq (dB)
31.25	29.4	34.3	35
62.5	47.2	49.4	48.6
125	55.5	53.1	55.4
	57.6	57.3	56.5
	57.2	58.9	59.3
	60.5	62.8	63.8
2000	61.2	54.1	63.5
	54.7	53.7	56.7
8000	45.3	47.5	48.9
16000	31.3	34.5	36.4
soma 10(LA/10) =>	4279041.99	4063216.294	6907443.423
LAeq (dB) =>	66.31346548	66.08869941	68.39317336

Fonte: Elaboração própria

Nota: O Quadro 6 mostra o nível de pressão sonora equivalente em decibéis

no ponto 9, que são consistentes com o Anexo 2, o nível de pressão sonora

contínua equivalente, ou pressão sonora média energética é 67,0557548 dB(A). A

distribuição de frequência para cada medição também é mostrada.

O seguinte é a medição do nível de pressão sonora linear da banda Octave

das amostragens.

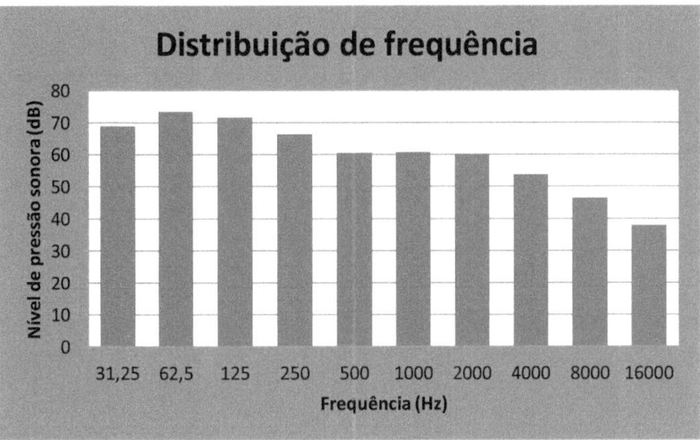

Figura 16 Nível de pressão da banda de oitava obtido para cada medição no ponto 9 e o respectivo cálculo da pressão sonora, para a primeira amostra colhida.

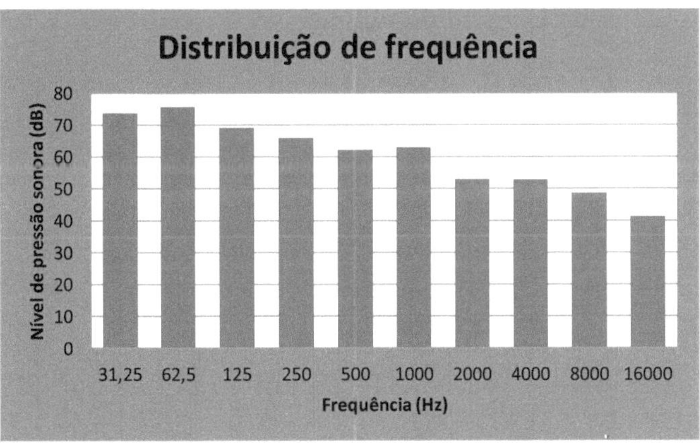

Figura 17 Nível de pressão da banda de oitava obtido para cada medição no ponto 9 e o respectivo cálculo da pressão sonora para a segunda amostragem

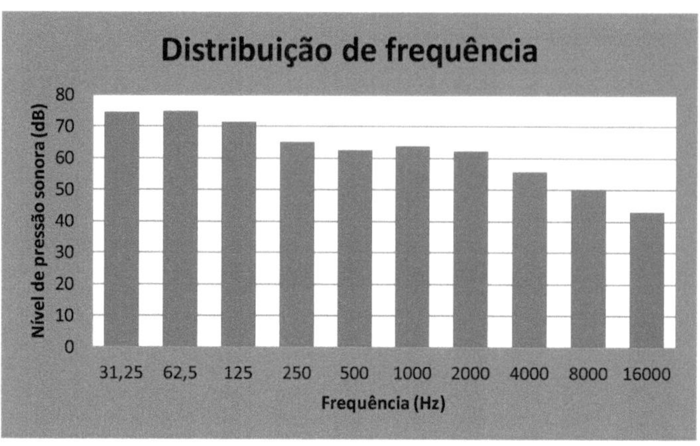

Figura 18 Nível de pressão da banda de oitava obtido para cada medição no ponto 9 e o respectivo cálculo da pressão sonora para a terceira amostragem

R_10 Jr. Anchash com Jr. Simón Bolívar

Quadro 9

Nível de pressão da banda de oitava obtido para cada medição no ponto 10 e o

respectivo cálculo da pressão sonora

F (Hz)	LAeq (dB)	LAeq (dB)	LAeq (dB)
31.25	28.4	31.3	35
62.5	46.2	46.4	48.6
125	54.5	50.1	55.4
	56.6	54.3	56.5
	56.2	56.9	59.3
	61.5	61.8	64.8
2000	61.2	60.1	63.5
	54.7	50.7	55.7
8000	46.3	45.5	47.9
16000	32.3	31.5	35.4

soma 10(LA/10) =>	4268446.037	3597500.018	7415499.311
LAeq (dB) =>	66.30269795	65.56000805	68.70140399

Fonte: Elaboração própria

Nota: O Quadro 7 mostra o nível de pressão sonora equivalente em decibéis no ponto 10, que são consistentes com o Anexo 2, o nível de pressão sonora contínua equivalente, ou pressão sonora média energética é 67,06479738 dB(A). A distribuição de frequência para cada medição também é mostrada.

O seguinte é a medição do nível de pressão sonora linear da banda Octave das amostragens.

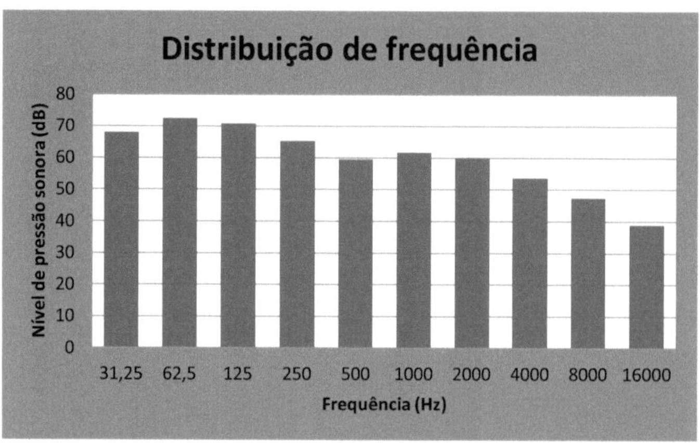

Figura 19 Nível de pressão da banda de oitava obtido para cada medição no ponto 10 e o respectivo cálculo do pressão sonora para a primeira recolha de dados.

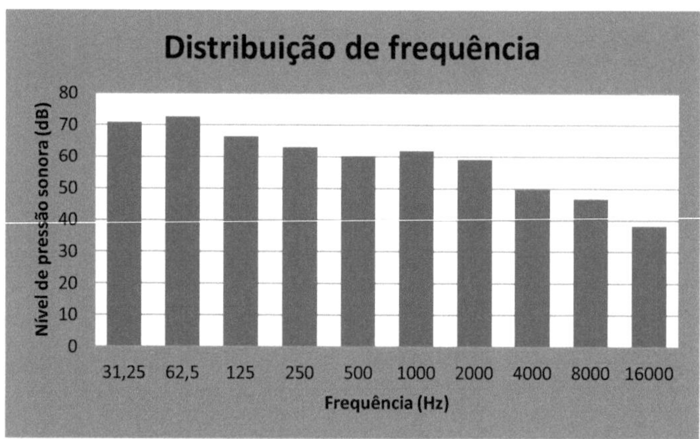

Figura 20 Nível de pressão da banda de oitava obtido para cada medição no ponto 10 e o respectivo cálculo de a pressão sonora para a segunda recolha de dados.

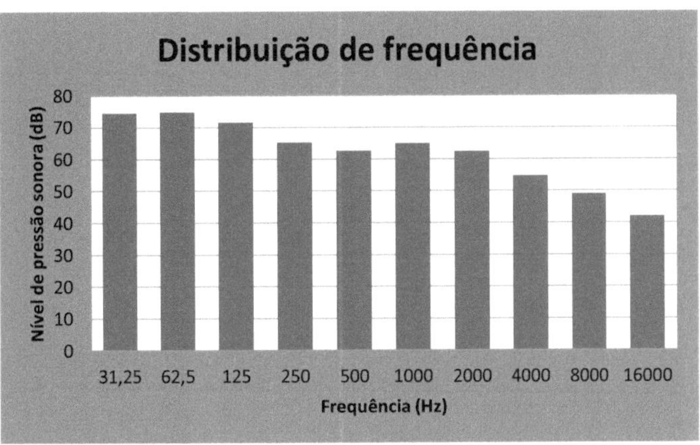

Figura 21 Nível de pressão da banda de oitava obtido para cada medição no ponto 10 e o respectivo cálculo do Pressão sonora para a terceira recolha de dados.

R_11 Jr. Áncash com Jr. Mariscal Ramón Castilla

Quadro 10

Nível de pressão da banda de oitava obtido para cada medição no ponto 11 e respectivo cálculo da pressão sonora

F (Hz)	LAeq (dB)	LAeq (dB)	LAeq (dB)
31.25	41.4	41.3	45
62.5	59.2	56.4	58.6
125	67.5	60.1	65.4
	69.6	64.3	66.5
	69.2	66.9	69.3
	71.5	71.8	74.8
2000	70.2	70.1	73.5
	63.7	60.7	66.7
8000	54.3	53.5	56.9
16000	40.3	40.5	44.4
soma 10(LA/10) =>	51127485.4	35841153.7	74983044.7
LAeq (dB) =>	77.0865443	75.5438198	78.7496307

Fonte: Elaboração própria

Nota: O Quadro 8 mostra o nível de pressão sonora equivalente em decibéis no ponto 11, que são consistentes com o Anexo 2, o nível de pressão sonora

49

contínua equivalente, ou pressão sonora média energética é 77,32211079 dB(A).

A distribuição de frequência para cada medição também é mostrada.

O seguinte é a medição do nível de pressão sonora linear da banda Octave

das amostragens.

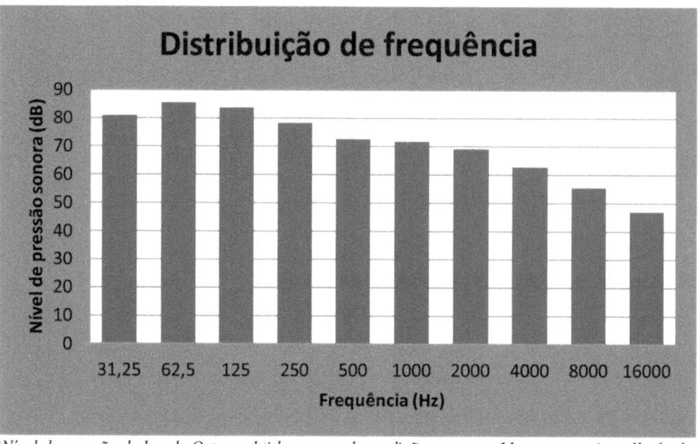

Figura 22Nível de pressão da banda Octave obtido para cada medição no ponto 11 e o respectivo cálculo da pressão sonora para a primeira aquisição de dados.

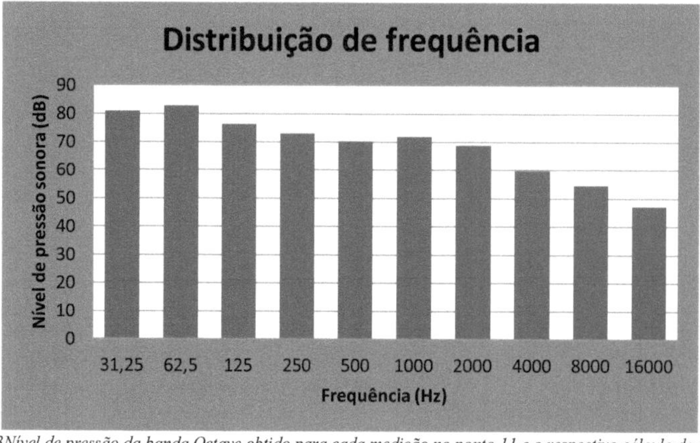

Figura 23Nível de pressão da banda Octave obtido para cada medição no ponto 11 e o respectivo cálculo da pressão sonora para a segunda aquisição de dados.

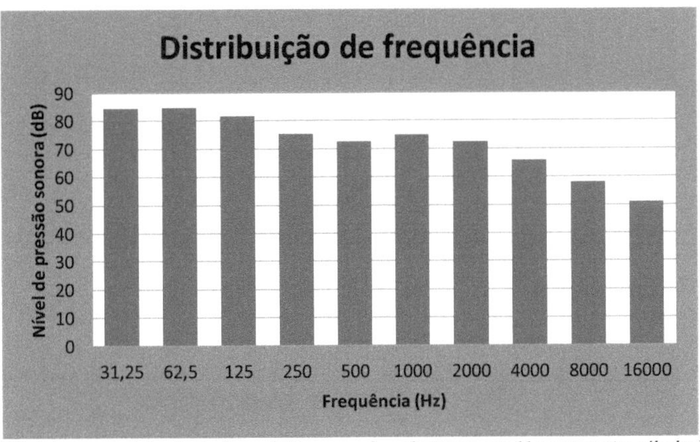

Figura 24Nível de pressão da banda de oitava obtido para cada medição no ponto 11 e o respectivo cálculo da pressão sonora para a terceira medição.

Os níveis de ruído na zona de protecção especial afectam a saúde dos residentes de Huari

R_1 Escola Manuel Gonzales Prada

Quadro 11

Nível de pressão da banda de oitava obtido para cada medição no ponto 1 e o

respectivo cálculo da pressão sonora

F (Hz)	LAeq (dB)	LAeq (dB)	LAeq (dB)
31.25	27.4	29.3	
62.5	43.2	44.4	45.6
125	53.5	47.1	52.4
	54.6	52.3	53.5
500	53.2	54.9	56.3
	57.5	59.8	61.8
2000	58.2	58.1	60.5
	53.7	49.7	53.7
8000	44.3	53.5	45.9
16000	29.3	31.5	33.4
soma 10(LA/10) =>	2227871.52	2477790.37	3773219.27
LAeq (dB) =>	63.4789014	63.9406456	65.7671204

Fonte: Elaboração própria

Nota: O Quadro 9 mostra o nível de pressão sonora equivalente em decibéis no ponto 1, que são consistentes com base no Anexo 2, o nível de pressão sonora contínua equivalente, ou pressão sonora média energética é de 64,50201279 dB(A). A distribuição de frequência para cada medição também é mostrada.

O seguinte é a medição do nível de pressão sonora linear da banda Octave das amostragens.

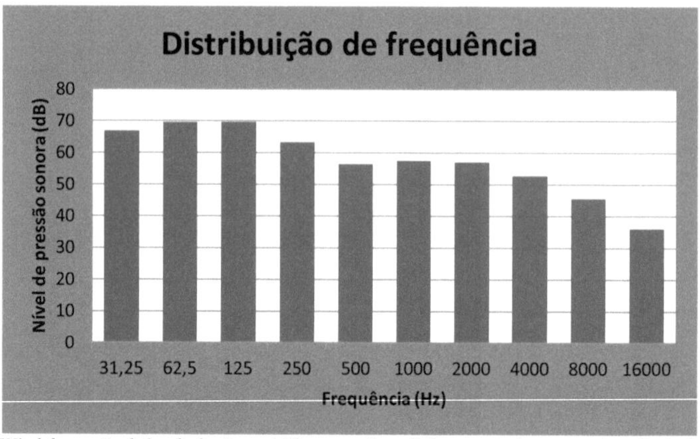

Figura 25Nível de pressão da banda de oitava obtido para cada medição no ponto 1 e o respectivo cálculo da pressão sonora para a primeira aquisição de dados.

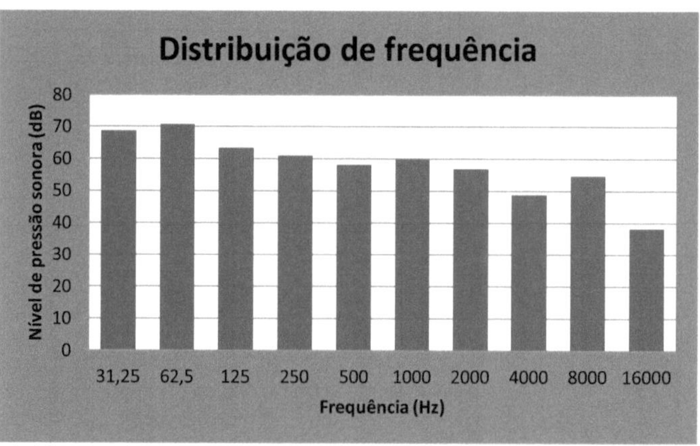

Figura 26Nível de pressão da banda de oitava obtido para cada medição no ponto 1 e o respectivo cálculo da pressão sonora para a segunda aquisição de dados.

52

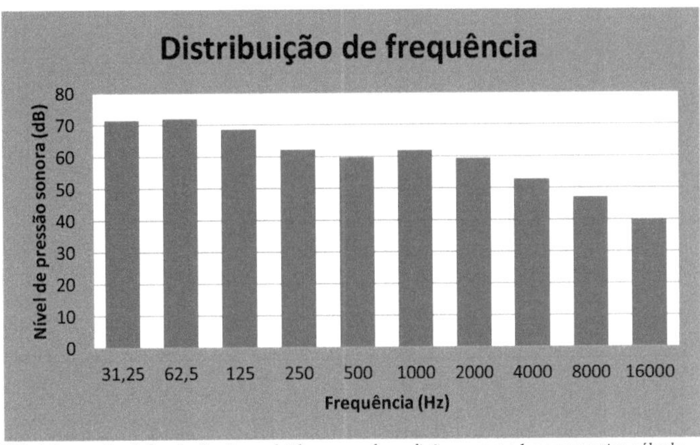

Figura 27Nível de pressão da banda de oitava obtido para cada medição no ponto 1 e o respectivo cálculo da pressão sonora para a terceira medição.

R_2 CEPRO Antonio Raymondi

Quadro 12

Nível de pressão da banda de oitava obtido para cada medição no ponto 2 e o

respectivo cálculo da pressão sonora

F(Hz)	LAeq (dB)	LAeq (dB)	LAeq (dB)
31.25	24.4	26.3	29
62.5	42.2	41.4	42.6
125	50.5	46.1	49.4
	53.6	50.3	50.5
	50.2	51.9	53.3
	53.5	56.8	58.8
2000	56.2	55.1	57.5
	49.7	47.7	50.7
8000	40.3	41.5	42.9
16000	25.3	25.5	31.4
soma 10(LA/10) =>	1207993.72	1192590.35	1891373.24
LAeq (dB) =>	60.8206468	60.7649129	62.7677724

Fonte: Elaboração própria

Nota: O Quadro 10 mostra o nível de pressão sonora equivalente em

decibéis no ponto 2, que são consistentes com o Anexo 2, o nível de pressão sonora contínua equivalente, ou pressão sonora média energética é de 61,53524678 dB(A). A distribuição de frequência para cada medição também é mostrada.

O seguinte é a medição do nível de pressão sonora linear da banda Octave das amostragens.

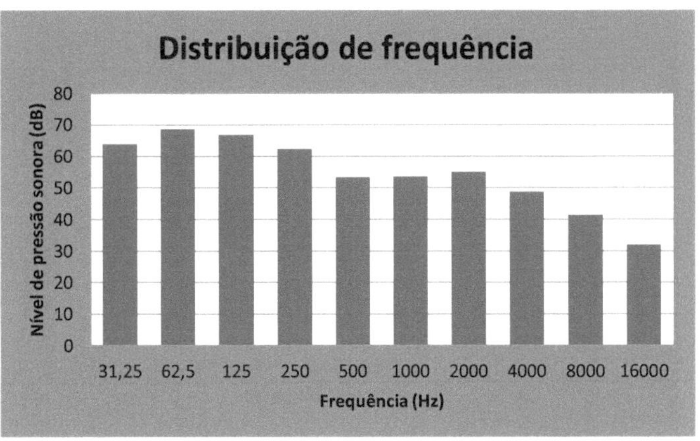

Figura 28Nível de pressão da banda Octave obtido para cada medição no ponto 2 e o respectivo cálculo da pressão sonora para a primeira aquisição de dados.

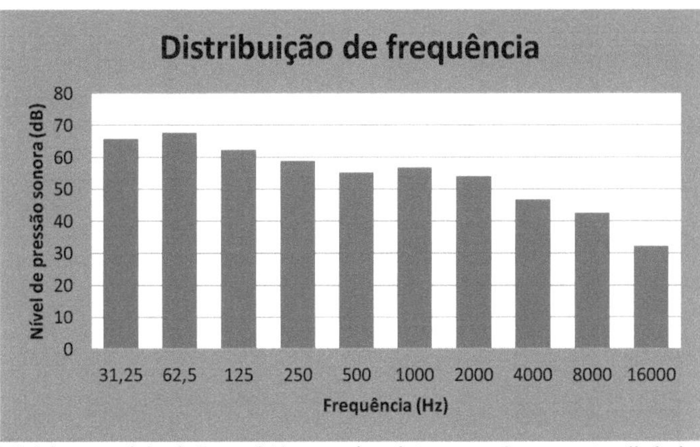

Figura 29Nível de pressão da banda Octave obtido para cada medição no ponto 2 e o respectivo cálculo da pressão sonora para a segunda aquisição de dados.

55

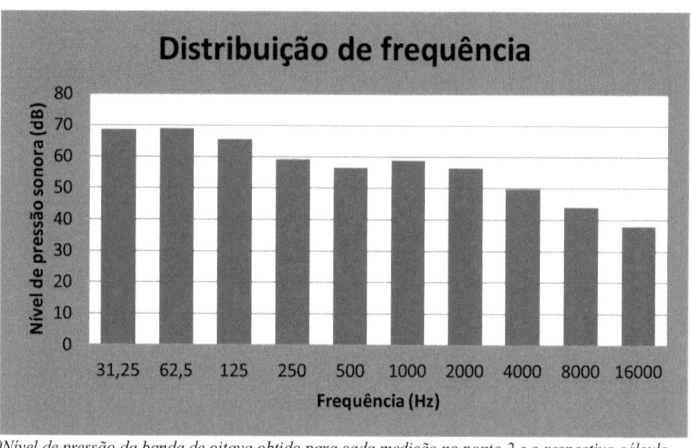

Figura 30Nível de pressão da banda de oitava obtido para cada medição no ponto 2 e o respectivo cálculo da pressão sonora para a terceira medição.

R_4 ESSALUD-Centro Medico Huari

Quadro 13

Nível de pressão da banda de oitava obtido para cada medição no ponto 4 e o

respectivo cálculo da pressão sonora

F (Hz)	Lpeq (dB)	Lpeq (dB)	Lpeq (dB)
31.25	69.8	67.7	74.4
62.5	74.4	70.6	74.8
125	72.6	63.2	71.5
	67.2	59.9	65.1
	61.4	57.1	62.5
	63.5	58.8	64.8
2000		60.9	62.3
	54.7	48.7	55.7
8000	47.4	43.6	50
16000	38.9	36.1	43
soma 10(LA/10) =>	6213178.294	2952258.84	7528562.22
LAeq (dB) =>	60.56417867	60.6738876	61.7724734

Fonte: Elaboração própria

Nota: O Quadro 11 mostra o nível de pressão sonora equivalente em

decibéis no ponto 4, que são consistentes com o Anexo 2, o nível de pressão sonora contínua equivalente, ou pressão sonora média energética é 61,0160605313 dB(A). A distribuição de frequência para cada medição também é mostrada.

O seguinte é a medição do nível de pressão sonora linear da banda Octave das amostragens.

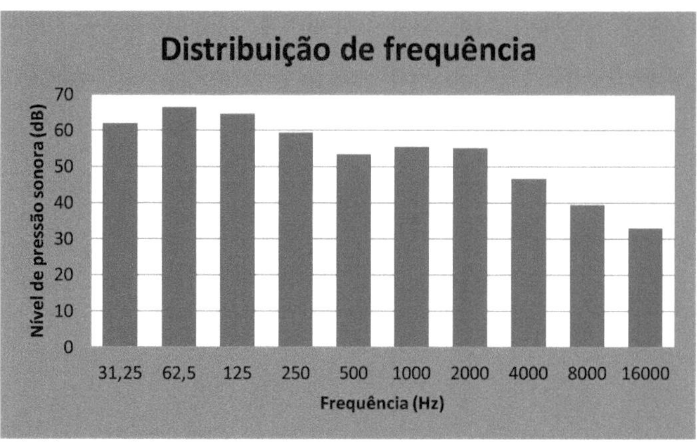

Figura 31 Nível de pressão da banda Octave obtido para cada medição no ponto 4 e o respectivo cálculo da pressão sonora para a primeira aquisição de dados.

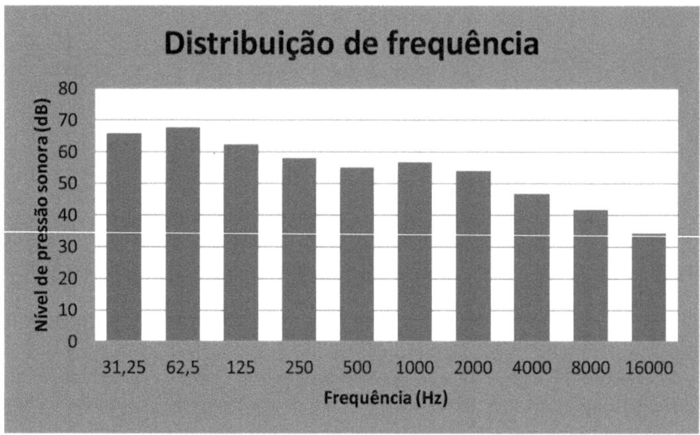

Figura 32 Nível de pressão da banda Octave obtido para cada medição no ponto 4 e o respectivo cálculo da pressão sonora para a segunda aquisição de dados.

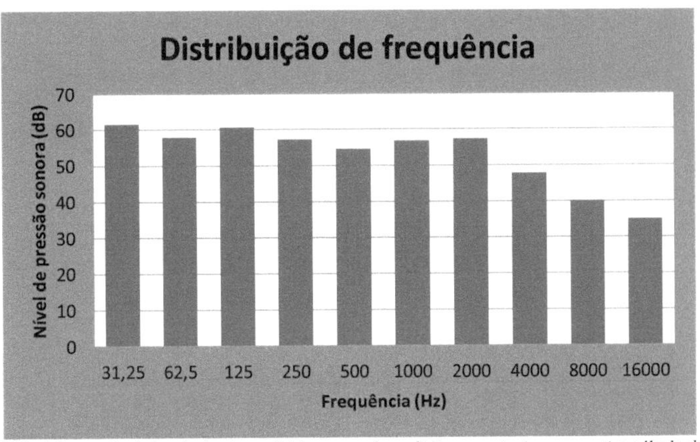

Figura 33 *Nível de pressão da banda de oitava obtido para cada medição no ponto 4 e o respectivo cálculo da pressão sonora para a terceira aquisição de dados.*

R_6 CEPRO Virgen del Rosario

Quadro 14

Nível de pressão da banda de oitava obtido para cada medição no ponto 6 e o

respectivo cálculo da pressão sonora

F (Hz)	LAeq (dB)	LAeq (dB)	LAeq (dB)
31.25	30.4	28.3	35
62.5	48.2	44.4	48.6
125	56.5	47.1	55.4
	58.6	51.3	56.5
	58.2	53.9	59.3
	63.5	58.8	64.8
2000	62.2	62.1	63.5
	55.7	49.7	56.7
8000	46.3	42.5	48.9
16000	32.3	29.5	36.4
soma 10(LA/10) =>	6213178.29	2952258.84	7528562.22
LAeq (dB) =>	67.9331382	64.7015443	68.7671204

Fonte: Elaboração própria

Nota: O quadro 12 mostra o nível de pressão sonora equivalente em decibéis

no ponto 6, que são consistentes com o Anexo 2, o nível de pressão sonora

contínua equivalente, ou pressão sonora média energética é 67,44923401 dB(A).

A distribuição de frequência para cada medição também é mostrada.

O seguinte é a medição do nível de pressão sonora linear da banda Octave

das amostragens.

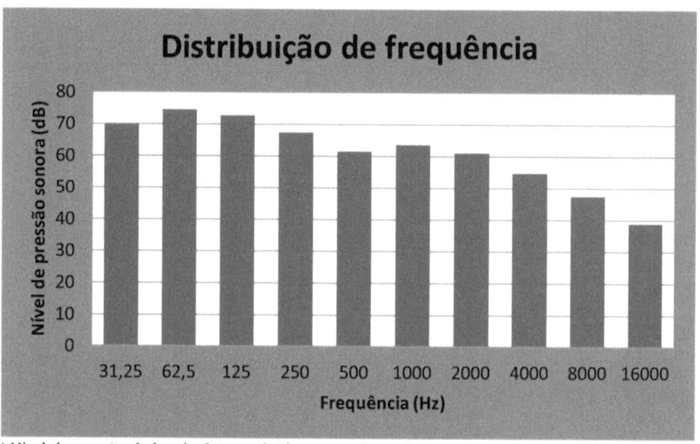

Figura 34 Nível de pressão da banda Octave obtido para cada medição no ponto 6 e o respectivo cálculo da pressão sonora para a primeira aquisição de dados.

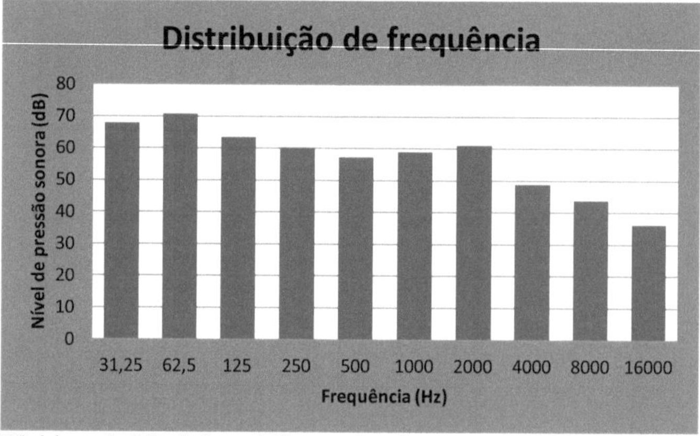

Figura 35 Nível de pressão da banda Octave obtido para cada medição no ponto 6 e o respectivo cálculo da pressão sonora para a segunda aquisição de dados.

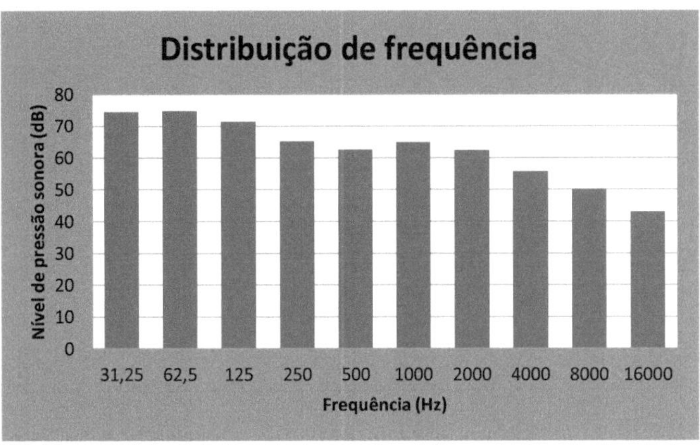

Figura 36 Nível de pressão da banda de oitava obtido para cada medição no ponto 6 e o respectivo cálculo da pressão sonora para a terceira medição.

Resultados da Saúde Variável dos habitantes de Huari

Quadro 15

Percepção dos Habitantes de Huari, relativamente aos danos causados pelo ruído à

sua saúde no ponto 1

		Escola Manuel Gonzales Prada			
		Frequência	Percentagem	Percentagem válida	Percentagem acumulada
Válido	perda de audição (distorção dos sons)		33,3	33,3	33,3
	Stress (irritabilidade, agressão)		50,0	50,0	83,3
	Desempenho académico ou profissional	1	16,7	16,7	100,0
	Total		100,0	100,0	

Fonte: Elaboração própria

O Quadro 13 mostra a percepção dos habitantes relativamente aos danos causados pelo ruído na sua saúde: 33,3% (2) sofreram perda de audição (distorção

61

dos sons), 50% (3) sofreram stress (irritabilidade, agressão) e 16,7% (1) o ruído influenciou o seu desempenho académico e/ou profissional.

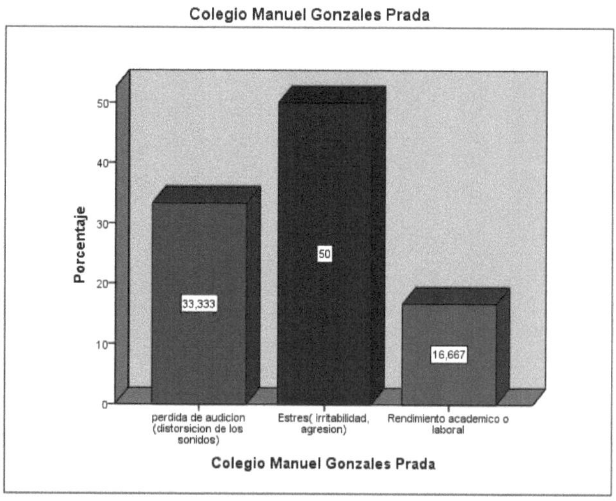

Figura 37 Percepção dos habitantes de Huari, relativamente aos danos causados pelo ruído na sua saúde no ponto 1.

Quadro 16

Percepção dos Habitantes de Huari, relativamente aos Danos Causados pelo Ruído à sua Saúde no Ponto

		Cepro Antonio Raymondi			
		Frequência	Percentagem	Percentagem válida	Percentagem acumulada
Válido	Distúrbios do sono (insónias, despertares frequentes)		33,3	33,3	33,3
	Stress (irritabilidade, agressão)		50,0	50,0	83,3
	Interferência na comunicação oral	1	16,7	16,7	100,0
	Total		100,0	100,0	

Fonte: Elaboração própria

Nota: O Quadro 14 mostra a percepção dos habitantes relativamente aos danos causados pelo ruído na saúde: 33,3% (2) sofreram de perturbações do sono (insónia, despertar frequente), 50% (3) sofreram de Stress (irritabilidade, agressão) e 16,7% (1) sofreram de Interferência na comunicação oral.

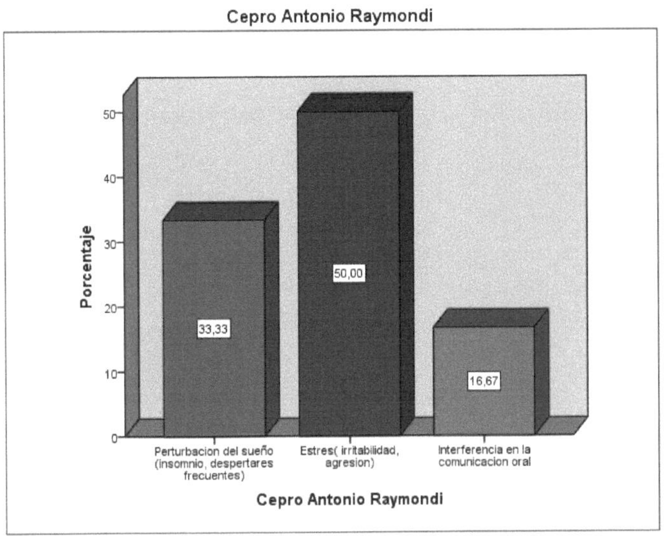

Figura 38 Percepção dos habitantes de Huari, relativamente aos danos causados pelo ruído na sua saúde, no ponto em que o ruído é gerado.

Quadro 17

Percepção dos Habitantes de Huari, relativamente aos danos causados pelo Ruído à sua Saúde no ponto 3

	Av. Magisterial con Jr. Libertad			
	Frequência	Percentagem	Percentagem válida	Percentagem acumulada
Válido	Distúrbios do sono (insónias, despertares frequentes)	1	16,7	16,7	16,7

Cardiovascular (hipertensão, pressão sanguínea)	33,3	33,3	50,0
Stress (irritabilidade, agressão)	50,0	50,0	100,0
Total	100,0	100,0	

Fonte: Elaboração própria

Nota: O Quadro 15 mostra a percepção dos habitantes relativamente aos danos causados pelo ruído sobre a saúde: 16,7% (1) sofreram perturbações do sono (insónia, despertares frequentes), 33,3% (2) Cardiovascular (hipertensão, tensão arterial) e 50,0% (3) sofreram Stress (irritabilidade, agressão).

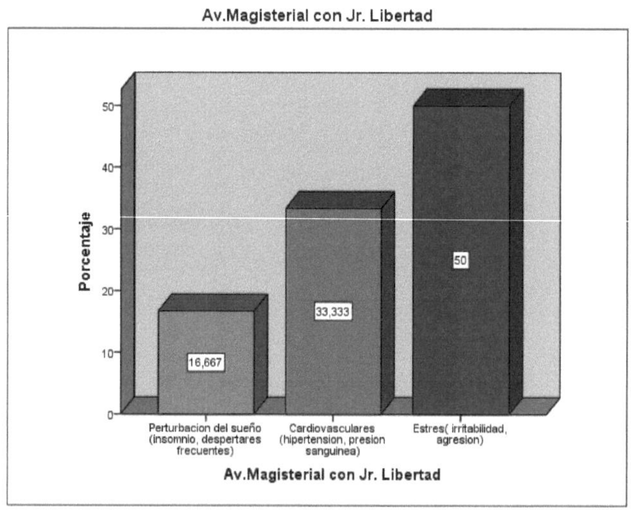

Figura 39 Percepção dos habitantes de Huari, relativamente aos danos causados pelo ruído na sua saúde no ponto 3.

Quadro 18

Percepção dos Habitantes de Huari, relativamente aos danos causados pelo Ruído à

sua Saúde no ponto 4

	ESSALUD- Centro Medico Huari			
		Frequência	Percentagem	Percentagem válida	Percentagem acumulada
Válido	perda de audição (distorção dos sons)	1	16,7	16,7	16,7
	Distúrbios do sono (insónias, despertares frequentes)		33,3	33,3	50,0
	Stress (irritabilidade, agressão)		50,0	50,0	100,0
	Total		100,0	100,0	

Fonte: Elaboração própria

Nota: O Quadro 16 mostra a percepção dos habitantes relativamente aos danos causados pelo ruído na saúde: 16,7% (1) sofreram perda de audição (distorção dos sons), 33,3% (2) sofreram perturbações do sono (insónia, despertares frequentes) e 50% (3) sofreram Stress (irritabilidade, agressão).

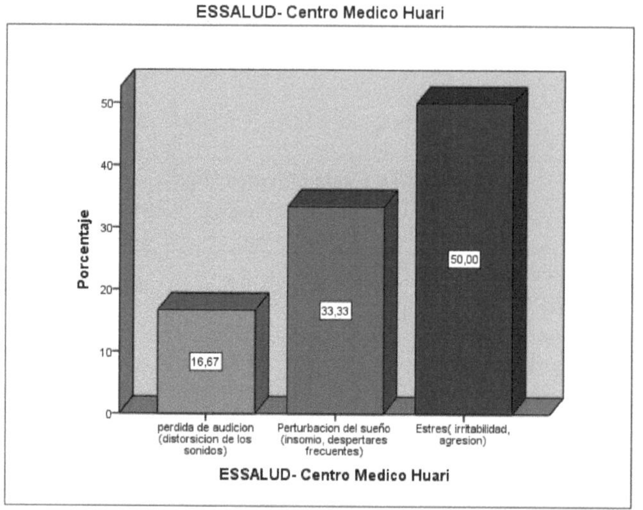

Figura 40 Percepção dos habitantes de Huari, relativamente aos danos causados pelo ruído na sua saúde no ponto 4.

Quadro 19

Percepção dos Habitantes de Huari, relativamente aos danos causados pelo Ruído à sua Saúde no ponto 5

		Frequência	Percentagem	Percentagem válida	Percentagem acumulada
	Jr C de la Condamine con Jr San Martin				
Válido	Stress (irritabilidade, agressão)		66,7	66,7	66,7
	Interferência na comunicação oral		33,3	33,3	100,0
	Total		100,0	100,0	

Fonte: Elaboração própria

Nota: O Quadro 17 mostra a percepção dos habitantes relativamente aos danos causados pelo ruído sobre a saúde 66,7% (1) sofreram Stress (irritabilidade, agressão) e 33,3% (2) sofreram Interferência na comunicação oral.

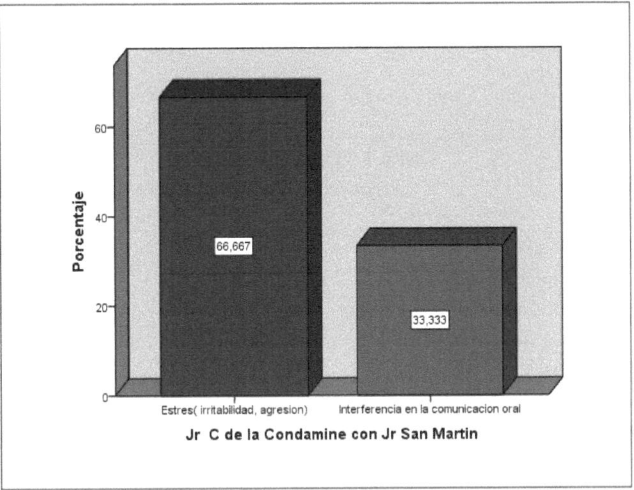

Figura 41 Percepção dos habitantes de Huari, relativamente aos danos causados pelo ruído na sua saúde no ponto 5.

Quadro 20

*Percepção dos Habitantes de Huari, relativamente aos danos causados pelo Ruído à
sua Saúde no ponto 6*

		Cepro Virgen del Rosario		
		Frequência	Percentagem	Percentagem válida	Percentagem acumulada
Válido	perda de audição (distorção dos sons)		33,3	33,3	33,3
	Distúrbios do sono (insónias, despertares frequentes)		33,3	33,3	66,7
	Stress (irritabilidade, agressão)		33,3	33,3	100,0
	Total		100,0	100,0	

Fonte: Elaboração própria

Nota: O Quadro 18 mostra a percepção dos habitantes relativamente aos
danos causados pelo ruído sobre a saúde: 33,3% (2) sofreram perda de audição
(distorção dos sons), 33,3% (2) sofreram perturbações do sono (insónia,
despertares frequentes) e 33,3% (2) sofreram Stress (irritabilidade, agressão).

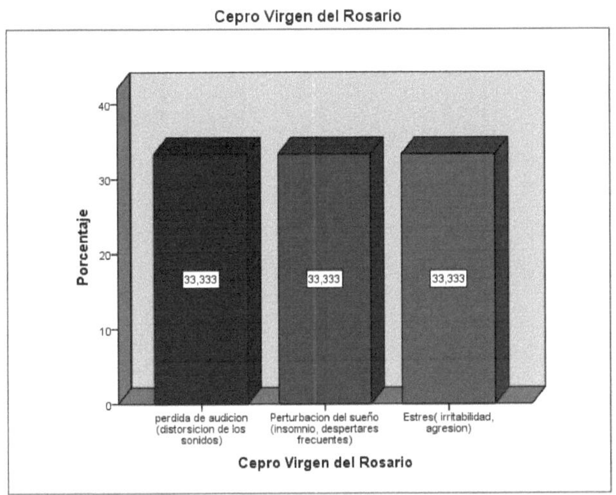

Figura 42 Percepção dos habitantes de Huari, relativamente aos danos causados pelo ruído na sua saúde no ponto 6.

Quadro 21

Percepção dos Habitantes de Huari, relativamente aos Danos Causados pelo Ruído à sua Saúde no ponto 7

	Jr. San Martin com Toribio Luzuriaga			
		Frequência	Percentagem	Percentagem válida	Percentagem acumulada
Válido	Distúrbios do sono (insónias, despertares frequentes)		33,3	33,3	33,3
	Cardiovascular (hipertensão, pressão sanguínea)		33,3	33,3	66,7
	Stress (irritabilidade, agressão)		33,3	33,3	100,0
	Total		100,0	100,0	

Fonte: Elaboração própria

Nota: O Quadro 19 mostra a percepção dos habitantes relativamente aos danos causados pelo ruído sobre a saúde 33,3% (2) sofreram de perturbações do sono (insónia, despertar frequente) 33,3% (2) sofreram de problemas cardiovasculares (hipertensão, tensão arterial) e 33,3% (2) sofreram de Stress (irritabilidade, agressão).

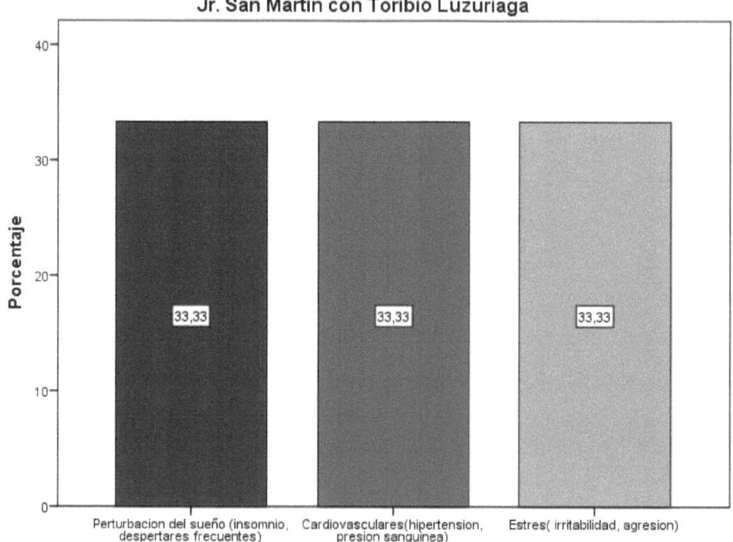

Figura 43 Percepção dos habitantes de Huari, relativamente aos danos causados pelo ruído na sua saúde no ponto 7.

Quadro 22

Percepção dos Habitantes de Huari, relativamente aos Danos Causados pelo Ruído à sua Saúde no ponto 8

Mariscal Toribio Luzuriaga com Jr Anchash				
		Frequência	Percentagem	Percentagem válida	Percentagem acumulada
Válido	Distúrbios do sono (insónias, despertares frequentes)		33,3	33,3	33,3
	Cardiovascular (hipertensão, pressão sanguínea)	1	16,7	16,7	50,0
	Stress (irritabilidade, agressão)		50,0	50,0	100,0
	Total		100,0	100,0	

Nota: O Quadro 20 mostra a percepção dos habitantes relativamente aos danos causados pelo ruído sobre a saúde: 33,3% (2) sofreram perturbações do sono (insónia, despertar frequente), 16,7% (1) sofreram problemas cardiovasculares (hipertensão, tensão arterial) e 50% (3) sofreram stress (irritabilidade, agressão).

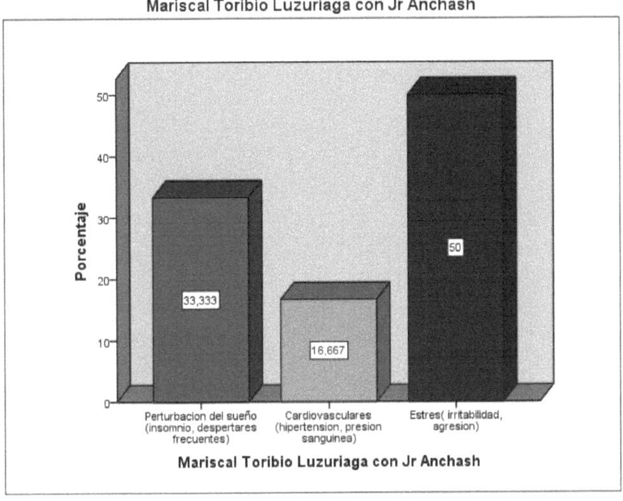

Figura 44 Percepção dos habitantes de Huari, relativamente aos danos causados pelo ruído na sua saúde no ponto 8.

Quadro 23

Percepção dos Habitantes de Huari, relativamente aos danos causados pelo ruído à sua saúde no ponto 9

Jr Anchash com Jr Jr Jose Sucre			
Frequência	Percentag em	Percentagem válida	Percentagem acumulada

Válido	Distúrbios do sono (insónias, despertares frequentes)	33,3	33,3	33,3
	Stress (irritabilidade, agressão)	66,7	66,7	100,0
	Total	100,0	100,0	

Fonte: Elaboração própria

Nota: O Quadro 21 mostra a percepção dos habitantes relativamente aos danos causados pelo ruído na sua saúde: 33,3% (1) sofreram de perturbações do sono (insónia, despertar frequente) e 66,7% (2) sofreram de Stress (irritabilidade, agressão).

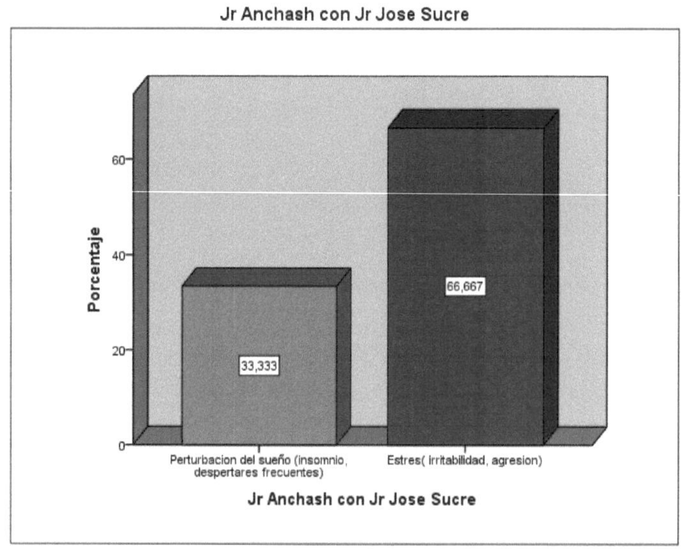

Figura 45 Percepção dos habitantes de Huari, relativamente aos danos causados pelo ruído na sua saúde no ponto 9.

Quadro 24

Percepção dos Habitantes de Huari, relativamente aos danos causados pelo Ruído à sua Saúde no ponto 10

		Frequência	Percentagem	Percentagem válida	Percentagem acumulada
	Jr. Ancash com Jr. Simon Bolívar				
Válido	Distúrbios do sono (insónias, despertares frequentes)		66,7	66,7	66,7
	Cardiovascular (hipertensão, pressão sanguínea)	1	16,7	16,7	83,3
	Stress (irritabilidade, agressão)	1	16,7	16,7	100,0
	Total		100,0	100,0	

Fonte: Elaboração própria

Nota: O Quadro 22 mostra a percepção dos habitantes relativamente aos danos causados pelo ruído sobre a saúde 66,7% (4) sofreram de perturbações do sono (insónia, despertar frequente) 16,7% (1) sofreram de problemas cardiovasculares (hipertensão, tensão arterial) e 16,7% (1) sofreram de Stress (irritabilidade, agressão).

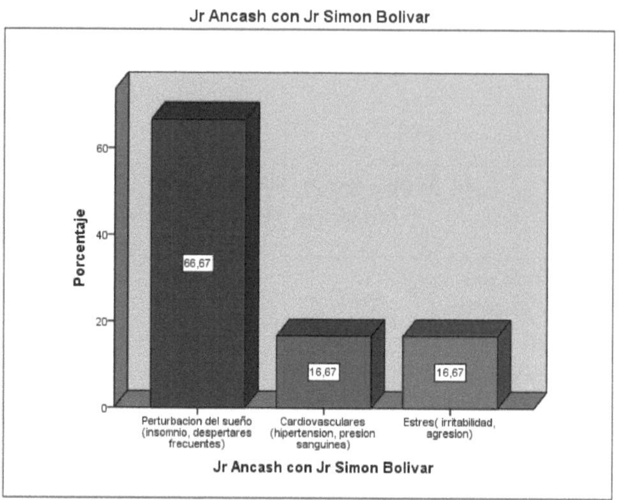

Figura 46 Percepção dos habitantes de Huari, relativamente aos danos causados pelo ruído na sua saúde no ponto 10.

Quadro 25

Percepção dos Habitantes de Huari, relativamente aos danos causados pelo ruído sobre a sua saúde no ponto 11

		Frequência	Percentagem	Percentagem válida	Percentagem acumulada
	Jr Ancash com Jr Mariscal Ramon Castilla				
Válido	Distúrbios do sono (insónias, despertares frequentes)		50,0	50,0	50,0
	Cardiovascular (hipertensão, pressão sanguínea)		33,3	33,3	83,3
	Stress (irritabilidade, agressão)	1	16,7	16,7	100,0
	Total		100,0	100,0	

Fonte: Elaboração própria

Nota: O Quadro 23 mostra a percepção dos habitantes relativamente aos danos causados pelo ruído na saúde: 50,0% (3) sofreram perturbações do sono

74

(insónia, despertar frequente), 33,3% (2) sofreram problemas cardiovasculares

(hipertensão, tensão arterial) e 16,7% (1) sofreram stress (irritabilidade, agressão).

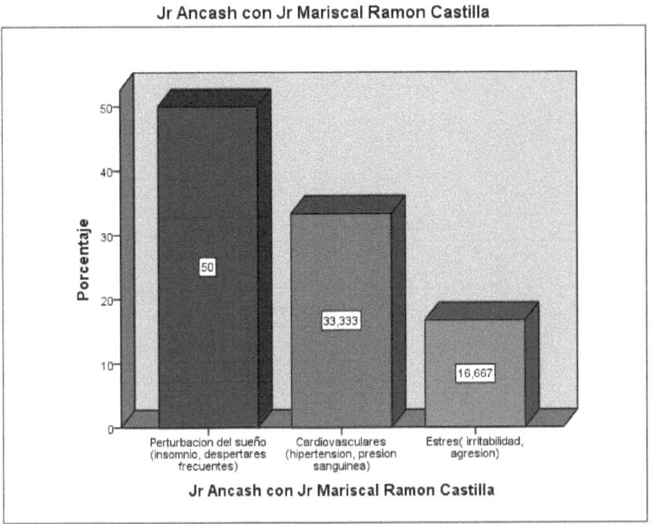

Figura 47 Percepção dos habitantes de Huari, relativamente aos danos causados pelo ruído na sua saúde no ponto 11.

Quadro 26

Percepção dos Habitantes de Huari, relativamente aos danos causados pelo ruído

sobre a sua saúde no ponto 12

Município Provincial de Huari					
		Frequência	Percentagem	Percentagem válida	Percentagem acumulada
Válido	Distúrbios do sono (insónias, despertares frequentes)	1	16,7	16,7	16,7
	Cardiovascular (hipertensão, pressão sanguínea)		50,0	50,0	66,7
	Stress (irritabilidade, agressão)		33,3	33,3	100,0
	Total		100,0	100,0	

Nota: O Quadro 24 mostra a percepção dos habitantes relativamente aos danos causados pelo ruído na saúde: 16,7% (1) sofreram de perturbações do sono (insónia, despertar frequente), 50,0% (3) sofreram de problemas cardiovasculares (hipertensão, tensão arterial) e 33,3% (2) sofreram de Stress (irritabilidade, agressão).

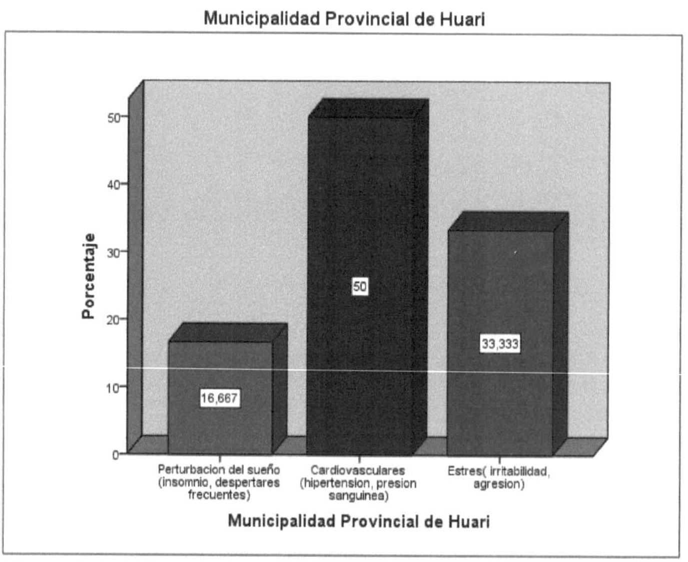

Figura 48 Percepção dos habitantes de Huari, relativamente aos danos causados pelo ruído na sua saúde no ponto 12.

Quadro 27

Percepção dos Habitantes de Huari, em relação aos danos causados pelo Ruído à sua

Saúde

		Saúde do povo de Huari			
		Frequência	Percentagem	Percentagem válida	Percentagem acumulada
Válido	perda de audição (distorção dos sons)	5	6,9	6,9	6,9
	Distúrbios do sono (insónias, despertares frequentes)	21	29,2	29,2	36,1
	Cardiovascular (hipertensão, pressão sanguínea)		15,3	15,3	51,4
	Stress (irritabilidade, agressão)	31	43,1	43,1	94,4
	Interferência na comunicação oral		4,2	4,2	98,6
	Desempenho académico ou profissional	1	1,4	1,4	100,0
	Total		100,0	100,0	

Fonte: Elaboração própria

Quadro 28 *Percepção dos Habitantes de Huari, Relativamente aos Danos de Saúde*

Causados pelo Ruído

Estatísticas		
Saúde do povo de Huari		
N	Válido	
	Perdido	0
Meios de comunicação		3,13
Médio		3,00
Moda		
Tip. dev.		1,138
Variância		1,294
Mínimo		1
Máximo		

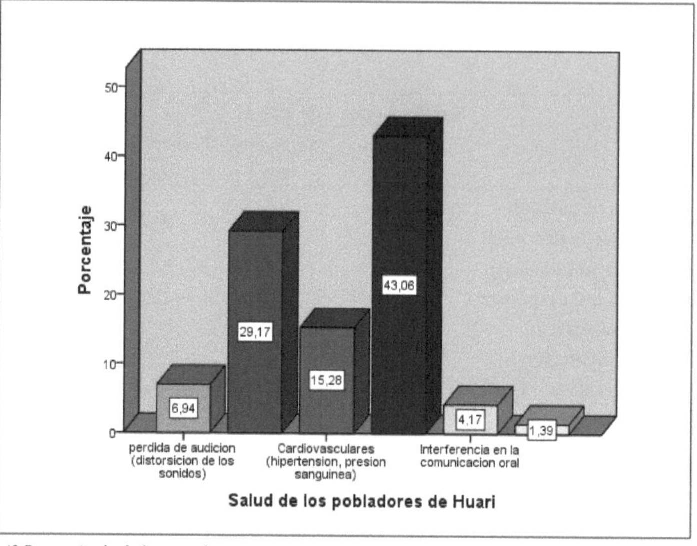

Figura 49 Percepção dos habitantes de Huari, relativamente aos danos causados pelo ruído na sua saúde.

4.2 Teste de hipotese

A fim de realizar os testes de hipóteses, os resultados encontrados serão
contrastados com a norma técnica peruana NTP-ISO 1996-1:2007.

Teste de Hipótese Geral

HA: Os níveis de ruído são superiores aos permitidos e influenciam a saúde da
população de Huari, 2019

HO: Os níveis de ruído não são superiores aos permitidos e não influenciam a saúde dos
habitantes de Huari, 2019.

Quadro 29

Média energética

Energia média	$L_{Aeq,T} = 10 \log \left[\dfrac{1}{N} \sum_{n=1}^{N} 10^{\frac{L_{Aeq,T,n}}{10}} \right]$	
Laeq,1	67.9331382	6213178.29
Laeq,2	64.7015443	2952258.84
Laeq,3	68.7671204	7528562.22
	Soma=	16693999.4
	log(soma)=	6.74543914
	Laeq,T=	67.4543914 dB(A)

Fonte: Elaboração própria

Quadro 30

Média Teórica

de Energia

Energia média teórica		
Laeq,1		6309573.44
Laeq,2	64.8	3019951.72
Laeq,3	68.8	7585775.75
	Soma=	16915300.9
	log(soma)=	6.75115847
	Laeq,T=	67.5115847 dB(A)

Fonte: Elaboração própria

Quadro 31

Ruído de fundo

médio

Ruído de fundo médio		
Laf1= Laf1= Laf1= Laf1=		5011.87234
Laf2= Laf2= Laf2=	39.5	8912.50938
Laf3=	37.7	5888.43655
	soma=	19812.8183
	log(soma)=	3.819825
	Laf,T=	38.19825

Fonte: Elaboração própria

Quadro 32

Nível de pressão sonora corrigido

$\Delta L=$	29.2561414
Lcorrected=	67.46005449 dB(A)

Fonte: Elaboração própria

Verificámos que o nível de ruído na cidade de Huari é 67,46005449 dBA, este nível é superior ao nível permitido estabelecido nos regulamentos peruanos. Por conseguinte, os níveis de ruído são superiores aos níveis permitidos e influenciam a saúde dos habitantes de Huari, 2019.

Testes específicos de primeira hipótese

HA: Os níveis de ruído na área residencial são superiores aos permitidos e influenciam a saúde dos habitantes de Huari.

HO: Os níveis de ruído na área residencial não são superiores aos permitidos e não influenciam a saúde dos habitantes de Huari.

Quadro 33

Média energética

Energia média		$L_{Aeq,T} = 10 \log \left[\dfrac{1}{N} \sum_{n=1}^{N} 10^{\frac{L_{Aeq.T.n}}{10}} \right]$
Laeq,1	67.385472	5477056.19
Laeq,2	73.179602	20795060.8
Laeq,3	70.0894135	10208016.2
	Soma=	36480133.3
	log(soma)=	7.08493516
	Laeq,T=	70.8493516 dB(A)

Fonte: Elaboração própria

Quadro 34

Média teórica de energia

Energia média teórica		
Laeq,1	67.4	5495408.74
Laeq,2	73.2	20892961.3
Laeq,3	70.1	10232929.9
	Soma=	36621300
	log(soma)=	7.0866125
	Laeq,T=	70.866125 dB(A)

Fonte: Elaboração própria

Quadro 35

Ruído de fundo

médio

Ruído de fundo médio			
Laf1= Laf1= Laf1= Laf1=		36.8	4786.30092
Laf2= Laf2= Laf2=		38.2	6606.93448
Laf3=		37.3	5370.31796
	soma=		16763.5534
	log(soma)=		3.74724483
	Laf,T=		37.4724483

Fonte: Elaboração própria

Quadro 36

Valor do nível de pressão sonora corrigido

ΔL=	33.3769033

Lcorrected=	70.8473555	dB

Fonte: Elaboração própria

Verificámos que o nível de ruído na cidade de Huari na zona residencial é 70.8473555 dBA, este nível é superior ao nível permitido (60 dBA) para zonas residenciais estabelecido nos regulamentos peruanos. Por conseguinte, os níveis de ruído na área residencial são superiores aos níveis permitidos e influenciam a saúde dos habitantes de Huari.

Teste da segunda hipótese específica

HA: Os níveis de ruído na área comercial são superiores aos permitidos e afectam a saúde
dos habitantes de Huari.

HO: Os níveis de ruído na área comercial não são superiores aos permitidos e não
influenciam a saúde dos habitantes de Huari.

Quadro 37

Média energética

Energia média	$L_{Aeq,T} = 10 \log \left[\dfrac{1}{N} \sum_{n=1}^{N} 10^{\frac{L_{Aeq.T.n}}{10}} \right]$	
Laeq,1	67.8729333	6127641.17
Laeq,2	67.8873649	6148037.28
Laeq,3	72.7671204	18910893.3
	Soma=	31186571.8
	log(soma)=	7.01684638
	Laeq,T=	70.1684638 dB(A)

Fonte: Elaboração própria

Quadro 38

Média Teórica de Energia

Energia média teórica		
Laeq,1	67.9	6165950.02
Laeq,2	67.9	6165950.02
Laeq,3	72.8	19054607.2
	Soma=	31386507.2
	log(soma)=	7.01962173
	Laeq,T=	70.1962173 dB(A)

Fonte: Elaboração própria

Quadro 39 *Ruído de fundo*

médio

Ruído de fundo médio		
Laf1= Laf1= Laf1= Laf1=		5011.87234
Laf2= Laf2= Laf2=	39.5	8912.50938
Laf3=	37.7	5888.43655
	soma=	19812.8183
	log(soma)=	3.819825
	Laf,T=	38.19825

Fonte: Elaboração própria

Quadro 40 *Valor do nível de pressão sonora corrigido*

$\Delta L=$	31.9702138
Lcorrected=	69.33119676 dB(A)

Fonte: Elaboração própria

Verificámos que o nível de ruído na cidade de Huari na zona residencial é de 69,33119676 dBA, este valor está no limite superior do nível permitido (70DBA) para as zonas comerciais estabelecido nos regulamentos peruanos, portanto os níveis de ruído na zona comercial estão no limite superior ao ponto de exceder os limites permitidos e influenciam a saúde dos habitantes de Huari.

Testar a terceira hipótese específica

HA: Os níveis de ruído na zona de protecção especial são mais elevados e têm um impacto sobre a saúde da população de Huari.

HO: Os níveis de ruído na zona de protecção especial não são mais elevados e não influenciam a saúde dos habitantes de Huari.

Quadro 41

Média energética

Energia média	$L_{Aeq.T} = 10 \log \left[\dfrac{1}{N} \displaystyle\sum_{n=1}^{N} 10^{\frac{L_{Aeq.T.n}}{10}} \right]$	
Laeq,1	63.4789014	2227871.52
Laeq,2	63.9406456	2477790.37
Laeq,3	65.7671204	3773219.27
	Soma=	8478881.16
	log(soma)=	6.45121729
	Laeq,T=	64.5121729 dB(A)

Fonte: Elaboração própria

Quadro 42

Média teórica de energia

Energia média teórica		
Laeq,1	63.5	2238721.14
Laeq,2		2511886.43
Laeq,3	65.8	3801893.96
	Soma=	8552501.53
	log(soma)=	6.45497191
	Laeq,T=	64.5497191 dB(A)

Fonte: Elaboração própria

Quadro 43

Ruído de fundo médio

Ruído de fundo médio		
Laf1= Laf1= Laf1= Laf1=		5011.87234
Laf2= Laf2= Laf2=	39.5	8912.50938
Laf3=	37.7	5888.43655
	soma=	19812.8183
	log(soma)=	3.819825
	Laf,T=	38.19825

Fonte: Elaboração própria

Quadro 44

Valor do nível de pressão sonora corrigido

ΔL=	26.3139229	
Lcorrected=	63.49602851	dB(A)

Fonte: Elaboração própria

Verificámos que o nível de ruído na cidade de Huari na zona de protecção especial é 63,9602851dBA, este nível é superior ao nível (50Dba) estabelecido nos regulamentos peruanos para zonas de protecção especial, portanto os níveis de ruído na zona de protecção especial são mais elevados e influenciam a saúde dos habitantes de Huari.

CAPÍTULO V

DISCUSSÃO

5.1 Discussão dos resultados

Na cidade de Huari, as zonas residenciais (urbanas) e as zonas de protecção especial estão acusticamente poluídas porque os valores registados não estão em conformidade com os valores-limite permitidos de acordo com a norma técnica NTP ISO 1996:2. Nas zonas de protecção especial tais como escolas, centros médicos e CEPROS, foram registados os seguintes valores R_6 CEPRO Virgen del Rosario registado 68,76712044dB, R_4 ESSALUD-Centro Medico Huari registado 61,77247341dB, R_2 CEPRO Antonio Raymondi registado 62,76777239 dB, R_2 CEPRO Antonio Raymondi registado 62. 76777239 dB, R_1 Colegio Manuel Gonzales Prada 65,76712044 dB, todos os quais excedem os limites de pressão sonora permitidos, e na zona residencial (urbana) "R_12 Municipalidad distrital de Huari" registada 73,1796960195 dB. A este respeito, Kalawapudi et al (2020) mencionam que as zonas silenciosas têm sido as áreas mais afectadas onde os níveis de poluição sonora e o factor de excedência do limite de ruído NEF indicam uma violação excessiva dos limites de ruído admissíveis devido a espaços não planeados, congestionados e indisciplinados para actividades comerciais e de desenvolvimento, seguidos de perto por zonas residenciais e comerciais. Conclui que a demarcação adequada e a utilização planeada do espaço urbano é importante para evitar a exposição a níveis crescentes de poluição sonora.

Na zona comercial da cidade de Huari os valores registados estão dentro dos limites permitidos de acordo com a norma técnica NTP ISO 1996:2. Em 5 das zonas, enquanto em 2 das zonas não estão conformes e excedem os limites permitidos. A grande maioria do ruído é causado nas zonas de protecção especial e residencial por motas, carros e pessoas que passam vendendo produtos e promovendo-os com altifalantes. Em comparação com o trabalho de Quillos et al. (2020) que descobriram na cidade de Chimbote que os limites permitidos de manhã excedem o limite em 87,5% e à tarde o mesmo parece ser verdade, aumentando para 91,6%. Apenas os pontos 17 e 18 mostram valores inferiores a 70 dB. Valores superiores a 75 dB foram obtidos tanto de manhã como à tarde, representando 20,8% e 33,8% respectivamente. As cidades de Amas excedem os limites permitidos

Na cidade de Huari, na zona urbana onde se encontra o município distrital, o nível de pressão sonora encontrado é de 69,87975731 dB, o que excede os limites permitidos. De acordo com a norma técnica corresponde a 60 dB para áreas residenciais (urbanas), excede 9,87975731 dB, o que significa que a área está acusticamente poluída, uma vez que os valores registados não estão em conformidade com os valores dos limites permitidos de acordo com a norma técnica NTP ISO 1996:2s. Baca & Seminario (2012) encontraram resultados que ultrapassaram os limites permitidos em torno da Pontificia Universidad Católica del Perú e Vargas e Gonzales (1975) concluíram que o ruído é um dos poluentes ambientais e que as suas principais fontes são o sector dos transportes, a indústria e a construção civil, mencionando também que os níveis tomados ultrapassam os 75 dB na cidade de Lima.

Relativamente às áreas comerciais da cidade de Huari, o nível de pressão sonora encontrado é de 69,33119676 dB, e está dentro dos limites permitidos. De acordo com a norma técnica corresponde a 70 Db, para zonas comerciais, o que significa que a zona comercial não há contaminação acústica uma vez que os valores registados se ajustam aos valores dos limites permitidos de acordo com a norma técnica NTP ISO 1996:2, vale a pena mencionar que das sete zonas comerciais avaliadas duas das zonas excedem os limites permitidos, que são R_5, Jr. C de Condamine com Jr. San Martin onde a pressão sonora máxima encontrada é 77,33821272 dB e a zona "R_11 Jr. Áncash com Jr. Mariscal Ramón Castilla" onde a pressão sonora máxima encontrada é 78,74963071 dB. A este respeito, o trabalho de Acosta et al. (2008) menciona que o facto de estar constantemente exposto ao ruído em decibéis altos produz certas doenças físicas e psicológicas graves e constatou que 85% dos inquiridos são afectados pelo ruído gerado nas estradas públicas, a insónia e o stress predominam em 305 e 21% respectivamente, as reuniões informais nas estradas públicas geram desordem em 57%. Os mesmos problemas gerados pelo ruído de acordo com os habitantes de Huari.

E em relação à zona de protecção especial da cidade de Huari, o nível de pressão sonora encontrado é 63.49602851dB, e excede os limites permitidos. De acordo com a norma técnica corresponde à zona 50dB para zonas de protecção especial, tais como instituições de ensino, CEPROS e Centros de Saúde, excede em 13.49602851dB, o que significa que a zona está acusticamente poluída, uma vez que os valores registados não estão em conformidade com os valores-limite permitidos de acordo com a norma técnica NTP ISO 1996:2. A este respeito, Sorin et al. (2020) concluem que o ruído ambiental, um som nocivo e indesejado do exterior, está a alastrar, tanto em duração como em cobertura geográfica, e está associado a muitas actividades humanas, mas o ruído do tráfego rodoviário, em particular, representa um problema para o ambiente urbano. Este é particularmente o caso porque aproximadamente 75% da população europeia vive em cidades, onde o volume do tráfego rodoviário continua a aumentar.

CAPÍTULO VI
CONCLUSÕES E RECOMENDAÇÕES

6.1 Conclusões

Conclui-se que a cidade de Huari está acusticamente poluída uma vez que os níveis de ruído registados a 67,46005449 dB são superiores aos permitidos e, portanto, afectam a saúde dos habitantes de Huari.

Conclui-se que a área residencial está acusticamente poluída, os níveis de ruído na área residencial de 70,21816248 dB são mais elevados do que os níveis permitidos.

Conclui-se que a área comercial não está acusticamente poluída, foram registados níveis de ruído na área comercial de 69,33119676 dB, que são superiores aos permitidos e têm uma influência na saúde dos habitantes de Huari.

Conclui-se que a zona de protecção especial está acusticamente poluída, os níveis de ruído na zona de protecção especial 63.49602851dB são mais elevados e influenciam a saúde dos habitantes de Huari.

6.2 Recomendações

As autoridades do Município de Huari devem prestar atenção e estar conscientes da poluição acústica, logo que possível, uma vez que ficou demonstrado que as zonas de protecção especial e residenciais estão acusticamente poluídas e que esta influencia a saúde dos habitantes.

Às autoridades e aos vizinhos da cidade de Huari, que efectuem o controlo correspondente da pressão sonora o mais rapidamente possível, pois ficou demonstrado que a zona residencial está acusticamente poluída e influencia a saúde dos habitantes de Huari.

Às autoridades do Município e dos centros comerciais, para continuarem a monitorizar os níveis de pressão sonora, uma vez que foi demonstrado que está dentro dos limites permitidos para as áreas comerciais e influencia a saúde dos habitantes.

As autoridades municipais, regionais, de saúde e educação devem efectuar um controlo constante, uma vez que a zona de protecção especial está acusticamente contaminada.

REFERÊNCIAS

7.1 Fontes documentais

Fontes Documentais

Acoste, e. (2008). *La Contaminación Sónica sobre los Habitantes del Sector el.* Mérida. Recuperado de 10 de Outubro de 2020, de ficheiro:///D:/Plan%20de%20de%20de%20tesis/Plan%20de%20de%20de%20te sis%20ruido.pdf

Baca, B., & Seminario, C. (2012). *Evaluación De Impacto Sonoro en la Pontificia.* Lima. Recuperado de 10 de Outubro de 2020, de ficheiro:///D:/Plan%20de%20de%20de%20tesis/Plan%20de%20de%20de%20te sis%20ruido.pdf

Barbaresco, G. Q., Reis, A. V., Lopes G, D. R., Boaventura, L. P., Castro, A. F., Vilanova, T. C., . . Porto, F. (2019). *Efeitos da poluição sonora ambiental na percepção do stress e dos níveis de cortisol nos vendedores ambulantes.* Instituto de Geografia, Departamento de Saúde Ambiental, Universidade Federal de Uberlândia, Minas Gerais, Brasil. doi:10.1080/15287394.2019.1595239

Biblioteca Virtual do Ministério do Ambiente, B. (2015). *Definion de terminos Ambientales.* Recuperado a 2 de Outubro de 2020, a partir de http://bibliotecavirtual.minam.gob.pe/biam/bitstream/id/6642/BIV00201.pdf

EcuRED. (2018). *Sonometro funcion y uso.* Recuperado em 05 de Setembro de 2020, a partir de https://www.ecured.cu/index.php/Son%C3%B3metro

El Peruano (2003). *Reglamento de estandares nacionales de calidad ambiental para Ruido.* Lima. Recuperado a 10 de Outubro de 2020, de http://www.minam.gob.pe/calidadambiental/wp-content/uploads/sites/22/2013/10/Reglamento-calidad-ambiental-para-ruido.pdf

Garcia, I., Aspuru, I., Diez , I., & Gastiasoro, A. (2015). *Protocolo para a gestão do ruído na construção em zonas urbanas: estudo de caso no município de Bilbao.* Tecnalia Research and Innovation, Derio, Espanha. Recuperado em 05 de Janeiro de 2021, a partir de https://www2.scopus.com/record/display.uri?eid=2-s2.0-85080938549&origin=resultslist&sort=plf-f&src=s&st1=&st2=&sid=bb2d50f191cd51942428893bc07d092a&sot=b&sdt=

b&sl=41&s=TITLE-ABS-
KEY+%28noisy+pollution+in+cities%29&relpos=8&citeCnt=0&searchTerm=

Grau (2007). *Níveis de Ruído na Cidade de Cajamarca.* Universidade Nacional de Cajamarca. Recuperado de 11 de Outubro de 2020, de ficheiro:///D:/Plan%20de%20de%20de%20tesis/Plan%20de%20de%20de%20te sis%20ruido.pdf

Kalawapudi, K., Singh, T., Dey , J., Vijay, R., & Kumar, R. (2020). *Poluição sonora na Região Metropolitana de Mumbai (MMR): uma ameaça ambiental emergente.* CSIR-National Environmental Engineering Research Institute, Nehru Marg, Nagpur, 440020, Índia. doi:10.1007/s10661-020-8121-9

Mayol Ramon , N. (2016). *A poluição sonora e o seu impacto nas cidades de hoje.* Recuperado em 10 de Outubro de 2020, a partir de https://www.urbiotica.com/la-contaminacion-acustica-y-su-impacto-en-las-ciudades-de-hoy/

Ministério do Ambiente, M. (2013). *Resolucion Ministerial N° 227-2013.* Recuperado a 23 de Outubro de 2020, de https://www.minam.gob.pe/wp-content/uploads/2014/02/RM-N%C2%BA-227-2013-MINAM.pdf

Nações Unidas (2019). *Estocolmo a Quioto : uma breve história das alterações climáticas.* Recuperado a 10 de Outubro de 2020, de https://www.un.org/es/chronicle/article/de-estocolmo-kyotobreve-historia-del-cambio-climatico#:~:text=The%20United%20Nations%20Conference%20of%20the%20United%20Nations%20also%20known%20as%20action%20that%20contém%20recommendations%20.

Quillos , R., Nahui, O., & Escalante espinoza. (2020). *Estúdio de contaminação acústica na cidade de Chimbote.* Universidad Nacional del Santa, Peru. doi:10.18687/LACCEI2020.1.1.285

Sorin , S., Calamar , A. N., Kovacs, M., Simion , A., & Lautaro, V. A. (2020). *Estudo sobre a redução do ruído urbano em edifícios residenciais.* Instituto Nacional de Investigação e Desenvolvimento em Segurança e Protecção contra a Explosão de Minas, INSEMEX, Petroşani, Roménia. doi:10.5593/sgem2020/5.1/s20.094

Trujillo (2001). *Poluição Sonora da Actividade Mineira na Região Central.* Recuperado de 10 de Outubro de 2020, de ficheiro:///D:/Plan%20de%20de%20de%20de%20tesis/Plan%20de%20de%20de%20de %20tesis%20ruido.pdf

Universidade de Jaen, U. (2019). *Estanadres de Calidad Ambiental (ECAS) para ruido en las principales Centros de Educacion Superior Universitaria de la Unversidad de Jaen*. Recuperado em 30 de Setembro de 2020, a partir de http://repositorio.unj.edu.pe/handle/UNJ/67

Vargas, & Gonzales (2001). *Níveis de ruídos na cidade de Lima*. Recuperado a 10 de Outubro de 2020, de ficheiro:///D:/Plan%20de%20de%20de%20tesis/Plan%20de%20de%20tesis%20 ruido.pdf.

Fontes Bibliográficas

Carrasco Diaz , S. (2005). *Metodologia da Investigação Científica* . Huacho: editorial San Marcos.

Colômbia, U. N. (1972). *Primeira Cimeira da Terra* . Recuperado em Novembro de 2020

Consejo Nacional del Ambiente, C. (2017). *Guia Para la Elboracion de Planes de Accion para la prevencion y control del ruido urbano*. Recuperado em 24 de Outubro de 2020, a partir de https://repositoriodigital.minam.gob.pe/handle/123456789/255?show=full

ANEXO ATabela de valores-limite de nível de pressão sonora admissíveis em dBA

Limites de nível de pressão sonora permitidos medidos em dBA, dependendo da zona (SPA: Zona de Protecção Especial, ZR: Zona Residencial, ZC: Zona Comercial, ZI: Zona Industrial).

Zona	horário	
	De dia 07:01 a 22	Nocturno 22:01 a 7:00
EPZ	50 dBA	40 dBA
ZR		50
ZC	70	
ZI	80	70

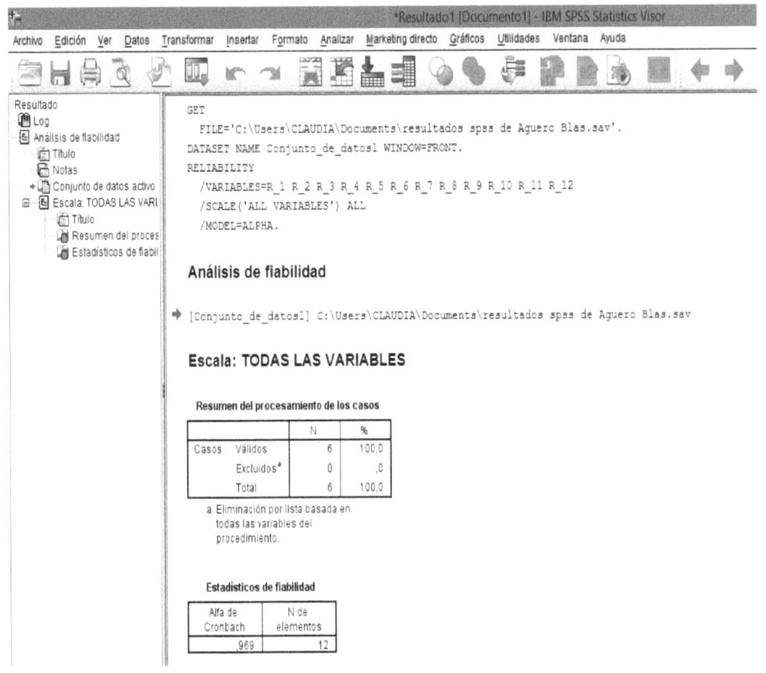

ANEXO C área residencial

zona	Localização geográfica	Nº de medidas	Data de colheita da amostra	Tempo de Amostragem	Nível de precisão sonora L_{AF} (dBA)	valor máximo registado $L_{AFmín}$ (dBA)	valor mínimo registado $L_{AFmáx}$ (dBA)	nível de pressão sonora equivalente ponderado no tempo em função do tempo de medição e de cada banda de oitavas L_{aeq} (dBA)	o nível de ruído que é excedido em +90% do L_{AF} ponderado "A" 90%.
R_12 Município do Distrito de Huari	8966031 N	1	12/09/2020	09.00-09:05 a.m.	67.8	71.9	66.2	67.38547196	36.8
	8966031 N		12/09/2020	09:30-09:35 a.m.	73.2		66.1	73.17960195	38.2
	8966031 N		12/09/2020	10:00-10:05 a.m.	70	71.8	66.2	70.08941353	37.3
nível de ruído na área Residencial								70.21816248	

ANEXO D zona comercial

zona	Localização geográfica	Nº de medidas	Data de colheita da amostra	Tempo de Amostragem	Nível de precisão sonora L_{AF} (dBA)	valor máximo registado $L_{AFmín}$ (dBA)	valor mínimo registado $L_{AFmáx}$ (dBA)	nível de pressão sonora equivalente ponderado no tempo em função do tempo de medição e de cada banda de oitavas L_{aeq} (dBA)	o nível de ruído que é excedido em +90% do L_{AF} ponderado "A" 90%.
R_3 Av. Magisterial com Jr. Libertad	8965744 N	1	13/09/2020	09.00-09:05 a.m.	69.5	68.2	73.3	69.10404171	
R_3 Av. Magisterial com Jr. Libertad	8965744 N		13/09/2020	09:10-09:15 a.m.	68.95	58.2	71.3	68.67100004	39.5
R_3 Av. Magisterial con Jr. Libertad	8965744 N		13/09/2020	09:20-09:25a.m.	69.75	65.2	72.3	69.76712044	37.7
R_5 Jr. C de Condamine com Jr. San Martin	8965807 N	1	13/09/2020	09:30-09:35		70	80.5	74.36123751	
R_5 Jr. C de Condamine con Jr. San Martin	8965807 N		13/09/2020	09:40-09:45	72.55	66.3	70.4	72.63197018	39.5

R_5 Jr. C de Condamine con Jr. San Martin	8965807 N		13/09/2020	09:50-09:55	77.35	72.5	80.2	77.33821272	37.7
R_7 Jr. San Martin com Mariscal Toribio Lizuriaga	8965882 N	1	13/09/2020	10:00-10:05	67.85	58	80.2	59.8868321	
R_7 Jr. San Martin com Mariscal Toribio Lizuriaga	8965882 N		13/09/2020	10:10-10:15	67.05	54.5	71.2	58.93158968	39.5
R_7 Jr. San Martin com Mariscal Toribio Lizuriaga	8965882 N		13/09/2020	10:20-10:25	72.25	61.4	81.1	63.99626588	37.7
R_8 Mariscal Toribio Luzuriaga com Jr. Anchash	8965924 N	1	13/09/2020	10:30-10:35	59.95	54.2	68.2	67.87293325	
R_8 Mariscal Toribio Luzuriaga com Jr. Anchash	8965924 N		13/09/2020	10:40-10:45	58.9	50.2	59.2	67.88736492	39.5
R_8 Mariscal Toribio Luzuriaga com Jr. Anchash	8965924 N		13/09/2020	10:50-10:55	63	56.7	67.3	72.76712044	37.7

R_9 Jr.Ancash com Jr.Jr. Jose Sucre	8965947 N	1	13/09/2020	11:00-11:05	66.75	61.8	74.2	66.31346548	
R_9 Jr.Ancash com Jr.Jr. Jose Sucre	8965947 N		13/09/2020	11:10-11:15	66.2	56.7	67.3	66.08869941	39.5
R_9 Jr.Ancash com Jr.Jr. Jose Sucre	8965947 N		13/09/2020	11:20-11:25	68.4	59.4	75.4	68.39317336	37.7
R_10 Jr. Anchash com Jr. Simon Bolívar	8965972 N	1	13/09/2020	11:30-11:35		64.5	70	66.30269795	
R_10 Jr. Anchash com Jr. Simon Bolívar	8965972 N		13/09/2020	11:40-11:45	65.45	59.3	63.2	65.56000805	39.5
R_10 Jr. Anchash com Jr. Simon Bolívar	8965972 N		13/09/2020	11:50-11:55	68.85	63.2	72.5	68.70140399	37.7
R_11 Jr. Anchash com Jr. Mariscal Ramon Castilla	8965998 N	1	13/09/2020	12:00-12:05	77.1	72.3	84.4	77.08654433	
R_11 Jr. Anchash com Jr. Mariscal Ramon Castilla	8965998 N		13/09/2020	12:10-12:15	75.15	66.4	75.5	75.54381981	39.5

| R_11
Jr. Anchash com Jr. Mariscal Ramon Castilla | 8965998 N | | 13/09/2020 | 12:20-12:25 | 78.5 | 69.7 | 85.3 | 78.74963071 | 37.7 |
| Área comercial ao nível do ruído | | | | | | | | 69.33119676 | |

ANEXO E zona de protecção especial

zona	localização Geográfico	Nº de medidas	Data de colheita da amostra	Tempo de Amostragem	Nível de precisão sonora $L_{AF\,(dBA)}$	valor máximo registado $L_{AFmin\,(dBA)}$	valor mínimo registado $L_{AFmáx\,(dBA)}$	nível de pressão sonora equivalente ponderado no tempo em função do tempo de medição e de cada banda de oitavas $L_{aeq\,(dBA)}$	o nível de ruído que é excedido em +90% do $_{LAF}$ ponderado "A" 90%.
R_1 Escola Manuel Gonzales Prada	8965642 N	1	14/09/2020	09.00-09:05 a.m.	63.85	60.2	70	63.47890142	
R_1 Escola Manuel Gonzales Prada	8965642 N		14/09/2020	09:10-09:15 a.m.	63.45	56.3	62.2	63.9406456	39.5
R_1 Escola Manuel Gonzales Prada	8965642 N		14/09/2020	09:20-09:25a.m.	65.8	60.3	69.3	65.76712044	37.7
R_2 CEPRO Antonio Raymondi	8965687 N	1	14/09/2020	09:30-09:35	60.5	60.5	63	60.82064677	

R_2 CEPRO Antonio Raymondi	8965687 N		14/09/2020	09:40-09:45	61.05	56.7		60.76491289	39.5
R_2 CEPRO Antonio Raymondi	8965687 N		14/09/2020	09:50-09:55	62.5	60.4	62.4	62.76777239	37.7
R_4 ESSALUD- Centro Medico Huari	8965778 N	1	14/09/2020	10:00-10:05	60.1	59.5	63.2	60.56417867	
R_4 ESSALUD- Centro Medico Huari	8965778 N		14/09/2020	10:10-10:15	60.35	54.7	57.6	60.67388759	39.5
R_4 ESSALUD- Centro Medico Huari	8965778 N		14/09/2020	10:20-10:25	62.05	58.9	63.2	61.77247341	37.7
R_6 CEPRO Virgen del Rosario	8965840 N	1	14/09/2020	10:30-10:35	67.05	61.8	74.8	67.93313816	
R_6 CEPRO Virgen del Rosario	8965840 N		14/09/2020	10:40-10:45	64.7	56.7	64.3	64.70154431	39.5
R_6 CEPRO Virgen del Rosario	8965840 N		14/09/2020	10:50-10:55	68.55	61.3	73.8	68.76712044	37.7

Área de protecção especial	63.49602851

ANEXO F quadro de dados gerais

zona	Localização geográfica	Nº de medidas	Data de colheita da amostra	Tempo de Amostragem	Nível de precisão sonora L_{AF} (dBA)	valor máximo registado $L_{AFmín}$ (dBA)	valor mínimo registado $L_{AFmáx}$ (dBA)	nível de pressão sonora equivalente ponderado no tempo em função do tempo de medição e de cada banda de oitavas L_{aeq} (dBA)	o nível de ruído que é excedido em +90% do L_{AF} ponderado "A" 90%.
R_12 Município do Distrito de Huari	8966031 N	1	44086.375	09.00-09:05 a.m.	67.8	71.9	66.2	67.38547196	36.8
R_12 Municipalidad distrital de Huari	8966031 N		44086	09:30-09:35 a.m.	73.2		66.1	73.17960195	38.2

105

R_12 Municipalidad distrital de Huari	8966031 N		44086	10:00-10:05 a.m.	70	71.8	66.2	70.08941353	37.3
R_3 Av. Magisterial con Jr. Libertad	8965744 N	1	13/09/2020	09.00-09:05 a.m.	69.5	68.2	73.3	69.10404171	
R_3 Av. Magisterial con Jr. Libertad	8965744 N		13/09/2020	09:10-09:15 a.m.	69	58.2	71.3	68.67100004	39.5
R_3 Av. Magisterial con Jr. Libertad	8965744 N		13/09/2020	09:20-09:25a.m.	69.8	65.2	72.3	69.76712044	37.7
R_5 Jr. C de Condamine con Jr. San Martin	8965807 N	1	13/09/2020	09:30-09:35	74	70	80.5	74.36123751	
R_5 Jr. C de Condamine con Jr. San Martin	8965807 N		13/09/2020	09:40-09:45	72.6	66.3	70.4	72.63197018	39.5
R_5 Jr. C de Condamine con Jr. San Martin	8965807 N		13/09/2020	09:50-09:55	77.4	72.5	80.2	77.33821272	37.7
R_7 Jr. San Martin com Mariscal Toribio Lizuriaga	8965882 N	1	13/09/2020	10:00-10:05	67.9	58	80.2	59.8868321	
R_7 Jr. San Martin com Mariscal Toribio Lizuriaga	8965882 N		13/09/2020	10:10-10:15	67.1	54.5	71.2	58.93158968	39.5

R_7 Jr. San Martin com Mariscal Toribio Lizuriaga	8965882 N			13/09/2020	10:20-10:25	72.3	61.4	81.1	63.99626588	37.7
R_8 Mariscal Toribio Luzuriaga com Jr. Anchash	8965924 N	1		13/09/2020	10:30-10:35		54.2	68.2	67.87293325	
R_8 Mariscal Toribio Luzuriaga com Jr. Anchash	8965924 N			13/09/2020	10:40-10:45	58.9	50.2	59.2	67.88736492	39.5
R_8 Mariscal Toribio Luzuriaga com Jr. Anchash	8965924 N			13/09/2020	10:50-10:55	63	56.7	67.3	72.76712044	37.7
R_9 Jr.Ancash com Jr.Jr. Jose Sucre	8965947 N	1		13/09/2020	11:00-11:05	66.8	61.8	74.2	66.31346548	
R_9 Jr.Ancash com Jr.Jr. Jose Sucre	8965947 N			13/09/2020	11:10-11:15	66.2	56.7	67.3	66.08869941	39.5
R_9 Jr.Ancash com Jr.Jr. Jose Sucre	8965947 N			13/09/2020	11:20-11:25	68.4	59.4	75.4	68.39317336	37.7
R_10 Jr. Anchash com Jr. Simon Bolívar	8965972 N	1		13/09/2020	11:30-11:35		64.5	70	66.30269795	
R_10 Jr. Anchash com Jr. Simon Bolívar	8965972 N			13/09/2020	11:40-11:45	65.5	59.3	63.2	65.56000805	39.5

R_10 Jr. Anchash com Jr. Simon Bolívar	8965972 N		13/09/2020	11:50-11:55	68.9	63.2	72.5	68.70140399	37.7
R_11 Jr. Anchash com Jr. Mariscal Ramon Castilla	8965998 N	1	13/09/2020	12:00-12:05	77.1	72.3	84.4	77.08654433	
R_11 Jr. Anchash com Jr. Mariscal Ramon Castilla	8965998 N		13/09/2020	12:10-12:15	75.2	66.4	75.5	75.54381981	39.5
R_11 Jr. Anchash com Jr. Mariscal Ramon Castilla	8965998 N		13/09/2020	12:20-12:25	78.5	69.7	85.3	78.74963071	37.7
R_1 Escola Manuel Gonzales Prada	8965642 N	1	14/09/2020	09.00-09:05 a.m.	63.9	60.2	70	63.47890142	
R_1 Escola Manuel Gonzales Prada	8965642 N		14/09/2020	09:10-09:15 a.m.	63.5	56.3	62.2	63.9406456	39.5
R_1 Escola Manuel Gonzales Prada	8965642 N		14/09/2020	09:20-09:25a.m.	65.8	60.3	69.3	65.76712044	37.7
R_2 CEPRO Antonio Raymondi	8965687 N	1	14/09/2020	09:30-09:35	60.5	60.5	63	60.82064677	
R_2 CEPRO Antonio Raymondi	8965687 N		14/09/2020	09:40-09:45	61.1	56.7		60.76491289	39.5
R_2 CEPRO Antonio Raymondi	8965687 N		14/09/2020	09:50-09:55	62.5	60.4	62.4	62.76777239	37.7

R_4 ESSALUD-Centro Medico Huari	8965778 √	1	14/09/2020	10:00-10:05	60.1	59.5	63.2	60.56417867	
R_4 ESSALUD-Centro Medico Huari	8965778 √		14/09/2020	10:10-10:15	60.4	54.7	57.6	60.67388759	39.5
R_4 ESSALUD-Centro Medico Huari	8965778 √		14/09/2020	10:20-10:25	62.1	58.9	63.2	61.77247341	37.7
R_6 CEPRO Virgen del Rosario	8965840 √	1	14/09/2020	10:30-10:35	67.1	61.8	74.8	67.93313816	
R_6 CEPRO Virgen del Rosario	8965840 √		14/09/2020	10:40-10:45	64.7	56.7	64.3	64.70154431	39.5
R_6 CEPRO Virgen del Rosario	8965840 √		14/09/2020	10:50-10:55	68.6	61.3	73.8	68.76712044	37.7

Nível de ruído na cidade de Huari	67.46005449

ANEXO G: Matriz de coerência

Título: Níveis de ruído e a sua influência na saúde do povo de Huari, 2019

Problema	Objectivos	Hipótese	Variável	Dimensões	Indicadores
Geral	Geral	Geral			
Os níveis de ruído medidos irão influenciar a saúde da população de Huari, 2019?	Determinar os níveis de ruído que influenciam a saúde dos habitantes de Huari, 2019.	Os níveis de ruído medidos influenciam a saúde dos habitantes de Huari, 2019.	Níveis de Ruído	Área residencial Área comercial Zona industrial Zona mista Área de protecção especial Zona crítica	De dia Nocturno
Específico	Específico	Específico	Saúde do povo de Huari	Audição Sonho Cardiovascular Stress Desempenho Fetos e recém-nascidos	Gama de danos causados
• Os níveis de ruído medidos na área residencial irão influenciar a saúde dos habitantes de Huari? • Os níveis de ruído medidos na área comercial irão influenciar a saúde dos habitantes de Huari? • Os níveis de ruído medidos na zona de protecção especial irão influenciar a saúde dos habitantes de Huari?	• Medir os níveis de ruído na zona residencial que influenciam a saúde dos habitantes de Huari. • Medir os níveis de ruído na área comercial que influenciam a saúde dos habitantes de Huari. • Medir os níveis de ruído na zona de protecção que	• Os níveis de ruído medidos influenciam a saúde dos habitantes de Huari. • Os níveis de ruído medidos influenciam a saúde dos habitantes de Huari. • Os níveis de ruído medidos influenciam a saúde dos habitantes de Huari.			

	influenciam a saúde dos habitantes de H.iari.			

Anexo G: Fotos

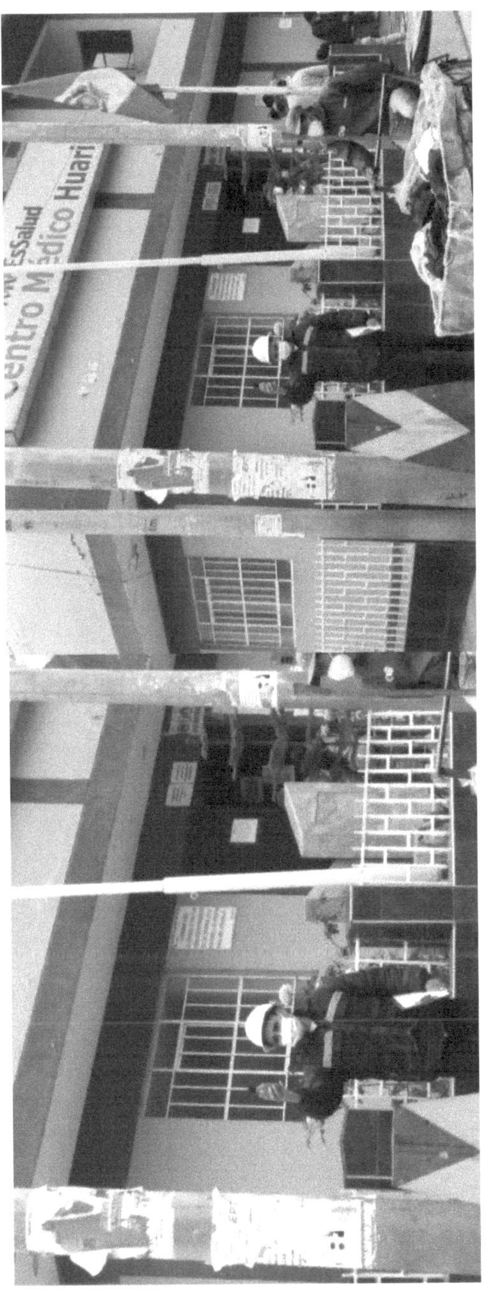
EsSalud
Centro Médico Huari

PROHIBIDO
PEGAR AFICHES

ANEXO HInstrumento para medir a saúde variável dos habitantes de Huari

Estudo para determinar os efeitos negativos da poluição sonora sobre a saúde da população do distrito de Huari. Caro cidadão, o objectivo deste questionário é determinar as principais consequências para a saúde que afectam a população da cidade de Huari devido à poluição sonora.

Gostaria de vos agradecer antecipadamente pela vossa receptividade, disponibilidade e cooperação na resposta às perguntas feitas com a maior sinceridade e objectividade. As informações fornecidas por si serão tratadas confidencialmente; por conseguinte, são anónimas.

Instruções: Leia cada pergunta cuidadosamente antes de responder, depois marque com um X a categoria que melhor expresse a sua opinião.

Idade ---------

Sexo -----------

Efeitos na saúde	Sem efeito	Efeito muito baixo	Baixo efeito	Efeito elevado	Efeito muito elevado
Auditório (perda de audição, distorção de sons, zumbido)					
Perturbação do sono (Insónias, despertares frequentes)					
Cardiovascular (hipertensão/pressão sanguínea)					
Stress (aprendizagem, resolução de problemas, agressão e irritabilidade)					
Interferência na comunicação oral					
Desempenho académico/emprego (cometendo constantemente erros e diminuindo a motivação)					
Fetos e recém-nascidos (perda de audição em recém-nascidos, atraso no crescimento intra-uterino, prematuridade)					

Certificado de validez de contenido del instrumento que mide la variable efectos en la salud por contaminación ruidosa en los pobladores de Huari

Efectos en la salud por contaminación ruidosa	Pertinente		Relevante		Calidad		Sugerencias
	Si	No	Si	No	Si	No	
Auditiva (pérdida audición, distorsión de los sonidos, tinnitus)	✓		✓		✓		
Perturbación del sueño (Insomnio, despertares frecuentes)	✓		✓		✓		
Cardiovasculares (hipertensión/ presión sanguínea)	✓		✓		✓		
Estrés (aprendizaje, resolución de problemas, agresión e irritabilidad)	✓		✓		✓		
Interferencia en la comunicación oral	✓		✓		✓		
Rendimiento académico/laboral (cometer errores constantemente y disminuye la motivación)	✓		✓		✓		
Fetos y recién nacidos (pérdida auditiva en los recién nacidos, retardo en el crecimiento intrauterino y prematuridad)	✓		✓		✓		

Observaciones____

Opinión de aplicabilidad (√)   Aplicable después de corregir ( ) No Aplicable ( )

Apellidos y nombre del juez validador: Claudia Liliana Felles Isidro

DNI: 43579701

Huacho, 05 de Julio del 2021

____
Firma del especialista

Pertinencia: el ítem corresponde al concepto teórico formulado

Relevancia: el ítem es apropiado para representar el comportamiento o dimensión específica del constructo

Claridad: se entiende sin dificultad alguna el enunciado del ítem, es conciso exacto y directo

Nota: suficiencia se dice suficiencia cuando los ítems planteados son suficientes para medir la dimensión

Certificado de validez de contenido del instrumento que mide la variable efectos en la salud por contaminación ruidosa en los pobladores de Huari

Efectos en la salud por contaminación ruidosa	Pertinente		Relevante		Calidad		Sugerencias
	Si	No	Si	No	Si	No	
Auditiva (pérdida audición, distorsión de los sonidos, tinnitus)	✓		✓		✓		
Perturbación del sueño (Insomnio, despertares frecuentes)	✓		✓		✓		
Cardiovasculares (hipertensión/ presión sanguínea)	✓		✓		✓		
Estrés (aprendizaje, resolución de problemas, agresión e irritabilidad)	✓		✓		✓		
Interferencia en la comunicación oral	✓		✓		✓		
Rendimiento académico/laboral (cometer errores constantemente y disminuye la motivación)	✓		✓		✓		
Fetos y recién nacidos (pérdida auditiva en los recién nacidos, retardo en el crecimiento intrauterino y prematuridad)	✓		✓		✓		

Observaciones____

Opinión de aplicabilidad (X)   Aplicable después de corregir ( ) No Aplicable ( )

Apellidos y nombre del juez validador: Dumner Armando Medina Zabaleta

DNI: 10798322

Huacho, 04 de Julio del 2021

____
Firma del especialista

Pertinencia: el ítem corresponde al concepto teórico formulado

Relevancia: el ítem es apropiado para representar el comportamiento o dimension específica del constructo

Claridad: se entiende sin dificultad alguna el enunciado del ítem, es conciso exacto y directo

Nota: suficiencia se dice suficiencia cuando los ítems planteados son suficientes para medir la dimension

Certificado de validez de contenido del instrumento que mide la variable efectos en la salud por contaminación ruidosa en los pobladores de Huari

Efectos en la salud por contaminación ruidosa	Pertinente		Relevante		Calidad		Sugerencias
	Sí	No	Sí	No	Sí	No	
Auditiva (pérdida audición, distorsión de los sonidos, tinnitus)	✓		✓		✓		
Perturbación del sueño (Insomnio, despertares frecuentes)	✓		✓		✓		
Cardiovasculares (hipertensión/ presión sanguínea)	✓		✓		✓		
Estrés (aprendizaje, resolución de problemas, agresión e irritabilidad)	✓		✓		✓		
Interferencia en la comunicación oral	✓		✓		✓		
Rendimiento académico/laboral (cometer errores constantemente y disminuye la motivación)	✓		✓		✓		
Fetos y recién nacidos (pérdida auditiva en los recién nacidos, retardo en el crecimiento intrauterino y prematuridad)	✓		✓		✓		

Observaciones____

Opinión de aplicabilidad (X) Aplicable después de corregir ( ) No Aplicable ( )

Apellidos y nombre del juez validador: Domingo Manuel La Rosa Trinidad

DNI: 42578901

Huacho, 04 de Julio del 2021

____
Firma del especialista

Pertinencia: el ítem corresponde al concepto teórico formulado

Relevancia: el ítem es apropiado para representar el comportamiento o dimensión específica del constructo

Claridad: se entiende sin dificultad alguna el enunciado del ítem, es conciso exacto y directo

Nota: suficiencia se dice suficiencia cuando los ítems planteados son suficientes para medir la dimensión

Printed by Books on Demand GmbH, Norderstedt / Germany